Un nuevo modelo de planificación Ambiental.

Tecnología e Innovación - Investigación y Desarrollo, Un reto para las generaciones millennials contra el calentamiento global.

ALEXIS JOSE LOPEZ DELGADO

Un nuevo modelo de planificación Ambiental.

Copyright © 2020 Alexis Jose Lopez Delgado

Todos los derechos reservados.

ISBN: 9798687358743

DEDICATORIA

A Dios padre, Hijo y Espíritu santo.

CONTENIDO

Agradecimientos   i

1 Capítulo I

  Breve historia de la Minería …………………………....   N° pág. 4

      La mina más antigua.

      Grimes's Graves del Neolítico.

      Los métodos de la metalistería en el antiguo Egipto.

      La minería en el auge del imperio Romano.

      El desarrollo urbano en la antigua Grecia.

      La Minería, el avance de la edad media.

2 Capitulo II

  Breve historia de la industria Petrolera ……………………...   N.°pág. 24

      Formación del Petróleo.

      El Petróleo precolombino.

      Asia y Europa con los primeros yacimientos de hidrocarburos.

3 Capitulo III

  Exploración y Explotación ……………………………….   N.° pág. 34

      Herramientas y técnicas de exploración.

4 Capitulo IV

  El rol de la investigación en exploración y explotación en las industrias Mineras y Petroleras. …………………………….   N.° pág. 49

Un nuevo modelo de planificación Ambiental.

    4.1 Minería ……………………………………………...   N.º pág. 50

        Desarrollo de la investigación y aplicación de innovación en minería.

    4.2 Petróleo ……………………………………………..

    N.º pág.56

        Necesidades de innovación y tecnología para la industria de petróleo y gas.

    Grandes desafíos de la industria de petróleo y gas.

    Tecnologia en upstream, midstream y downstream.

    Mitigación de gases en efecto invernadero.

5   Capítulo V

Investigación científica para el impulso del desarrollo humano……………………………………………………   N. º pág 65

    Ahorro energético latinoamericano.

6   Capítulo VI

    Un nuevo modelo de planificación …………………………   N. º pág. 71

        La planificación ambiental estratégica.

        T&I -I&D y medio ambiente.

        América latina y el caribe y las tecnologías medioambientales.

        Puntos pendientes para integrar e incluir.

7   Conclusion   N. º pág. 86

8   Referencias   N.º pág. 88

AGRADECIMIENTOS

A todas las instituciones que me dieron la formación académica y la sabiduría para transmitir los conocimientos.

A todos mi compañeros y amigos que de alguna u otra manera han colaborado en la búsqueda de información e ideas innovadoras.

A las empresas que he pertenecido por brindarme la oportunidad y la confianza de estar en ellas, administrando sus recursos económicos y humanos.

A mi familia por donar su tiempo, así permitir escribir estas líneas.

A todos gracias.

INTRODUCCIÓN.

La necesidad de aplicar cambios científicos y tecnológicos en un sentido *verde* con innovación y aplicación de sus resultados en el mundo, desde el pensamiento, el diseño, la producción y que los mismos consumidores generen soluciones, productos y beneficios sin consecuencias, es obligación de nuestras generaciones. Las exigencias tecnológicas, en un mundo donde se hace cada día más dependiente de los recursos energéticos presentes en la oferta global, han dado algunas soluciones, y en la acera de en frente; la creatividad y el deseo de ofrecer nuevos modelos de mejoría, conservación de tecnologías y transferencia de conocimientos indiscutiblemente han avanzado. Sin embargo, es necesario la reducción en consumo de energía y ahorro en el mantenimiento industrial, en el área petrolera y minera, coadyuvando a la conservación y mejoramiento del recobro de recursos naturales no renovables, optimizando su consumo. En las últimas décadas se han planteado varios conceptos de pobre entendimiento, en última instancia reflejan el interés para el sostenimiento de la vida en nuestro planeta. Estos conceptos son: desarrollo sustentable y eco desarrollo. Pero cuáles son esas tecnologías sustentables que han dado o plantean soluciones sociotécnicas, en una sociedad compleja donde los cambios son constantes. Existen automatizaciones, demandas aceleradas, alta exigencias en calidad en el menor tiempo posible, y la producción técnica está enfocada en el ahorro sustancial y comercial en desequilibrio con el bienestar de nuestras sociedades y nuestro planeta. Se hace evidente la necesidad de innovar en tecnologías de mantenimientos como modelo de desarrollo endógeno, equitativo, sustentable, ecológico, solidario y distributivo en favor de las mayorías.

Un nuevo modelo de planificación Ambiental.

1 BREVE HISTORIA DE LA MINERÍA

La industria minera es una de las más antiguas de la humanidad y tiene larga data en nuestra historia, desde los tiempos pretéritos, con nuestros primeros ancestros, Los habitantes de la era prehistóricas fueron, sin ninguna duda, mineros absolutos el hombre ha usado diversos minerales para fabricar utensilios de trabajo, armas para la caza o la defensa, incluso para su estética, los estudios antropológicos nos sostienen que muchos tipos de minerales y piedras preciosas, incluyendo **el oro, donde este último fue de los primeros metales en enganchar al hombre anacrónico,** no solo por su llamativa belleza, sino también por su condición de maleabilidad como para facilitar la confección de adornos que destacasen la condición social o jerárquica de su poseedor.

Con el paso del tiempo, la extracción de minerales se convirtió en una importante industria que ha creado técnicas, estudios y análisis físico-químicos para mejorar la exploración y explotación de los yacimientos mineros.

Un de estas técnicas descubiertas por métodos arqueológica, es la industria **lítica o tecnología lítica**, es decir, herramientas de piedra (diferentes tipos de rocas y minerales), por oposición a la metalurgia.

El hallazgo arqueológico de industria lítica, y del conjunto de utensilios que es su resultado, es una clara muestra de actividad humana, a pesar de que otros animales (chimpancés, nutrias, alimoches) utilizan ocasionalmente piedras como herramientas.

La industria lítica en la Prehistoria comprende las siguientes fases:

- **El Paleolítico** (anterior a 10 000 años AP) con industria lítica de cantos rodados y objetos de sílex.
- **El Mesolítico** (10 000 AP – 5000 AP), se fabrican herramientas para horadar (perforados, calados), con puntas de saeta (puntas con pedúnculo y aletas), con puntas de microlíticos geométricos (segmentos de círculo, trapecios, triángulos) y, sobre todo, la producción de láminas pequeñas que quedaban fijadas con resinas a las hoces primitivas hechas con caña, hueso o madera.

Un nuevo modelo de planificación Ambiental.

- **El Neolítico** (5000 – 2000) con la utilización del sílex, el oro, la plata y el cobre, que iban perfeccionando a medida que su inteligencia y destreza manual mejoraban.

Ahora bien, no solo la industria lítica nos proporciona información de minería primogénita, también va a los rasgos óseos, así como los restos de su elaboración, todo en conjunto dentro del registro arqueológico es una parte fundamental para el conocimiento de las sociedades humanas que lo fabricaron. Estos restos materiales arqueológicos nos proporcionan una importante información como:

- **Materia prima** utilizada, que nos indican las fuentes de aprovisionamiento, el área de captación alrededor del yacimiento y los desplazamientos que realizaba el grupo humano.
- **Técnica de elaboración** de los artefactos, que nos muestran el desarrollo tecnológico alcanzado en cada época y su relación con otros grupos humanos contemporáneos.
- **Disposición espacial** de los útiles dentro del yacimiento nos revelan lugares de trabajo.
- **Huellas de uso y morfología**, que proporcionan datos sobre su utilidad o sobre la dieta que seguían sus usuarios.

LA MINA MAS ANTIGUA

La mina más antigua que se tiene constancia arqueológica y donde podemos comprobar estos métodos **es la Cueva del León en Suazilandia**, que de acuerdo a las dataciones por el método del carbono 14, tiene una edad de 43 000 años, la única con en la edad Neandertal. En este lugar, los hombres del Paleolítico excavaban en busca de hematita con el que probablemente producían pigmentos de color ocre. De acuerdo a la Comisión Nacional de Confianza de Suazilandia más de 1200 toneladas de hematita, rica en especularita, fueron extraídas de la Cueva del León durante la era prehistórica, 1200 toneladas con exploración, explotación y uso, sin tecnología con una fuerza humana hasta la fecha en estudio antropológicos, suponemos que los neandertales tenían una fuerza superior comparada al homo sapiens, según los estudios recientes.

Un neandertal medio podía alcanzar unos 1,65 m, era de contextura pesada, dentadura prominente y musculatura robusta, rondando los 70 kg de peso. Esta robustez esquelética produjo una capacidad de sostener unos músculos de mayor tamaño, que gracias a su ubicación para aumentar al máximo la

Un nuevo modelo de planificación Ambiental.

acción de palanca, otorgaron al neandertal una fuerza física superior a la del Homo sapiens. Con base en los esqueletos de neandertal encontrados en los enterramientos de *Shanidar (Irak)*, esto sin duda ayudaría a una extracción artesanal más rápida y en mayores cantidades.

Las minas de Ngwenya están situadas en las estribaciones orientales de los montes Drakensberg, cerca de la frontera noroeste de Suazilandia, en el distrito Hhohho. En otros sitios con origen en la Edad de Piedra también se practicó la actividad minera, aunque en fechas más recientes. La industria extractiva, ya definidamente propia de Homo sapiens, que acontecía en la mina original de Ngwenya, lo hacía coetáneamente con la presencia de la especie extinta del **Homo neanderthalensis** en tierras europeas. Las herramientas de minería halladas en Ngwenya son de un tipo reconocible, especializadas para el fin extractivo, y con características propias del sitio, distintas de aquellas que fueran halladas en otros yacimientos arqueológicos de la Edad de Piedra. En la primordial excavación minera de Ngwenya está primerizamente presente la tecnología minera que fue empleada tiempo después en Europa.

Esta área minera muestra el testimonio de una tradición cultural minera que ha desaparecido, distinguible por un amplio empleo de productos sociales hechos de la sustancia pétrea conocida como dolerita (diabasa). Tales hachuelas, martillos y picos, servían para el trabajo sobre la mena de hierro con el fin de extraer hematita roja (u ocre rojo), y especularita (o hematita especular). Relativamente aislados de otras poblaciones, los grupos cazadores-recolectores de aquellos habitantes originales perdieron su cohesión 20000 años atrás, dejaron de existir sus costumbres; sus artistas-magos ya no dieron uso a los recursos férricos empleados en los rituales de su tradición espiritual, y en el engalanamiento cosmético. El tono rojizo de la hematita operaba, por su similitud con la sangre, como recurso mágico conferidor de vida, al aplicarlo sobre los cuerpos. El ocre rojo fue también utilizado, por los pueblos tardíos que dieron origen a los actuales San (Bosquímanos), para concretar arte sobre roca. Hay en Suazilandia gran número de esas pinturas.

GRIME'S GRAVES DEL *NEOLÍTICO*

A pesar de la evidencia en el paleolítico apuntan al uso de herramientas líticas hechas de rocas o conjunto de minerales para desarrollo de caza o utensilios de hogar, es en *el Neolítico* en donde aparecen las huellas de

Un nuevo modelo de planificación Ambiental.

gran minería halladas en muchos lugares del mundo, como Bélgica, Francia, Egipto, España, Alemania y Reino Unido, siendo la más famosa la de **Grime's Graves** situada en Norfolk Inglaterra.

A primera vista parece un campo de pequeños cráteres producidos por explosivos, como los de los campos de batalla de la Primera Guerra Mundial. Se trata de un yacimiento arqueológico compuesto de 433 pozos mineros construidos en época neolítica para alcanzar las codiciadas vetas de sílex.

El sílex era uno de los materiales más codiciados y valiosos de la Edad de Piedra, empleado para la fabricación de herramientas cortantes y armas. Adicional a su dureza y capacidad para romperse fácilmente en láminas de agudos bordes, al golpearlo contra otras rocas producía chispas, ideal por tanto para hacer fuego.

Nuestros ancestros descubrieron pronto estas cualidades y ya desde el Paleolítico organizaron su extracción del subsuelo mediante pozos y túneles, una actividad minera que tuvo su mayor desarrollo durante el Neolítico. Los investigadores han determinado que fueron explotados entre aproximadamente el año 3000 y el 1900 a.C. Los pozos se extienden por un área de 37 hectáreas y los mayores alcanzan más de 14 metros de profundidad y 12 metros de diámetro en la superficie, sin las grandes tecnologías desarrolladas en los últimos siglos, a fuerza neandertal. Se calcula que en Grime´s Graves se tuvieron que extraer hasta 2.000 toneladas de caliza para crear los pozos más grandes, lo que habría requerido del trabajo de unas 20 personas durante cinco meses.

Extrapolando los datos en Grime´s Graves nos indican que se pudieron extraer entre 16.000 y 18.000 toneladas de sílex, lo que serviría para producir unos 3 millones de herramientas, hachas y otros artefactos. Buena parte de esa materia prima en bruto se utilizaría probablemente para comerciar, y sería tallada en lugares ciertamente alejados. Con este ritmo seguro uno o dos de los pozos eran explotados al mismo tiempo, abriendo otros nuevos cada uno o dos años y rellenando los anteriores con la tierra y rocas de los últimos.

El yacimiento consiste en tres capas o vetas de sílex, que fueron explotadas sucesivamente mientras se excavaban los pozos, siendo la última y más profunda la más rica de todas. En los trabajos de extracción habrían utilizado plataformas y escaleras de madera.

Un nuevo modelo de planificación Ambiental.

Esto se sabe por posteriores estudios que han realizados unos 28 pozos excavados hasta 2008, donde se han encontrado varios cientos de herramientas hecha de asta de ciervo que los mineros utilizaban como picos. Probablemente el complemento eran palas de madera, ya que restos de ellas se han hallado en otros yacimientos. Una vez alcanzada la veta en vertical, algo que ya es realmente impresionante utilizando astas de ciervo, se cavaban galerías horizontales siguiéndola para conseguir extraer la mayor cantidad posible

En tiempos modernos su función y propósito no fueron descubiertos hasta que en 1870 el arqueólogo William Greenwell excavó uno de los pozos (el mismo Greenwell que dos décadas más tarde encontraría los famosos y enigmáticos Tambores de Folkton).

Estos ingleses jamás se imaginaron que serían los pioneros en explotación minera, desde un elemento tan básico como el Silex, pero tan útil para sobrevivencia y desarrollo de las sociedades actuales.

Esto despertó en el ser humano la búsqueda de otros recursos naturales tan útil como el Silex pero que hemos convertido en minerales conflictivos o letales en algunos casos, en ambos casos se derivaron en búsqueda de minería complejas como la Tanzanita, Oro, Cobre, y lo conflictivo que se volverían algunos yacimientos como el Coltán y Wolframita, y lo dañino de los grupos radiactivos uraninita o la carnotita, es increíble como pasamos de ser seres indefensos buscando herramientas para cazar y dar un sustento diaria a casa a utilizar nuestros recursos para nuestra propia destrucción, bien sea por financiamiento de guerras, interés personales, o simplemente querer tener un reconocimiento de ser una potencia entre los otros países.

LOS MÉTODOS DE METALISTERÍA *EN EL* <u>*ANTIGUO EGIPTO*</u>

En el Antiguo Egipto, las técnicas de la minería, refinería y metalistería se inició durante las primeras dinastías, en donde sus habitantes extraían malaquita así como importaban plata, cobre, estaño y plomo elementos que era empleado para ornamentaciones, cerámicas, joyas y decoraciones.

Los antiguos egipcios utilizaban su experiencia para hacer prospecciones de menas de mineral en Egipto y en otros países. El Antiguo Egipto tenía los medios y el conocimiento para realizar las prospecciones de menas de

Un nuevo modelo de planificación Ambiental.

mineral que necesitaran, establecer procesos de minería y transportar cargas pesadas a largas distancias, por tierra y mar.

Los egipcios poseían importantes conocimientos de química y de la utilización de los óxidos metálicos, como se manifestó en su habilidad para producir vidrio y porcelana en una variedad de colores naturales. Además, los antiguos egipcios elaboraban preciosos colores lo que refleja su conocimiento de la composición de diferentes metales, y el conocimiento de los efectos producidos por las sales de la tierra sobre distintas sustancias. Esto coincide con nuestra definición "moderna" de química y metalurgia.

Los métodos de metalistería: fundición, forja, soldadura y grabado de metales, no solo se practicaba mucho, sino que también eran los más desarrollados. Las referencias frecuentes en los registros de siderurgia del Antiguo Egipto nos aportan una concepción más real de la importancia de esta industria en el Antiguo Egipto.

La capacidad de los egipcios para preparar metales está más que probada con las vasijas, los espejos y los utensilios de bronce, descubiertos en Luxor (Tebas), y en otras partes de Egipto. Adoptaron numerosos métodos para cambiar la composición del bronce, a través de una combinación acertada de aleaciones. Asimismo, tuvieron el secreto de dar un determinado grado de elasticidad al bronce, u hojas de latón, como se evidencia en la daga que alberga el Museo de Berlín en la actualidad. Esta daga destaca por la elasticidad de su hoja, su pulcritud y la perfección de su acabado. Muchos productos del Antiguo Egipto, que actualmente están diseminados por museos europeos, contienen entre 10 y 20 partes de estaño, y entre 80 y 90 partes de cobre.

Su conocimiento de la ductilidad metálica es evidente en su habilidad para producir alambres e hilos metálicos. El trefilado de alambres se logró con los metales más dúctiles como el oro y la plata, así como el latón y el hierro. El hilo y el alambre de oro fue el resultado del trefilado de alambres, y no hay ningún caso de que se alisaran.

Los egipcios perfeccionaron el arte de hacer el hilo de metales. Este era lo suficientemente fino para entrelazarse en el tejido, y para ornamentación. Existe cierto lino delicado del faraón *Amosis*, con numerosas figuras de animales trabajadas con hilos de oro, que precisan un alto grado de detalle y delicadeza.

La ciencia y tecnología para fabricar productos y bienes metálicos se conoció y perfeccionó en el Antiguo Egipto, se sabe qué hace más de 5.000

Un nuevo modelo de planificación Ambiental.

años podían producir numerosas aleaciones metálicas en grandes cantidades. Las menas de mineral de las que carecía el Antiguo Egipto para producir las aleaciones de cobre y bronce (cobre, arsénico y estaño), se obtenían en el extranjero.

Las tres menas de mineral solo se importaron desde la fuente conocida en el mundo antiguo, Iberia. Registros arqueológicos muestran la antigua utilización de los recursos minerales del sur de Iberia de cobre y arsénico. En cuanto al estaño, conocemos la "Ruta del estaño", que discurría a lo largo de la costa occidental de la Península Ibérica, donde el estaño llegaba desde Galicia y posiblemente desde Cornualles

El cobre egipcio estaba endurecido por la incorporación de arsénico. Se ha observado variación en la composición: por ejemplo, las dagas y las alabardas tenían bordes afilados más fuertes, y contenían cobre arsenical al 4 %, mientras que las hachas y las puntas contenían cobre arsenical al 2 %.

Además de fabricar el cobre arsenical, los antiguos egipcios también fabricaron productos de bronce. La incorporación de una pequeña proporción de estaño al cobre produce bronce, lo que se traduce en un punto de fusión inferior, un aumento de la dureza y una mayor facilidad a la hora de fundirlo. El contenido de estaño varía mucho entre 0,1% y 10 % o más. Se han encontrado muchos objetos de bronce de períodos muy remotos. La industria del bronce era muy importante para el país. El bronce se perfeccionó y empleó en Egipto para grandes recipientes, así como para herramientas y armas.

Los egipcios utilizaron varios tipos de aleaciones de bronce, como sabemos a partir de los textos del Reino Nuevo, donde hay una mención frecuente al "bronce negro" y al "bronce en la combinación de seis", es decir una aleación de seis componentes. Dichas variaciones producían diferentes colores. El latón amarillo era un compuesto de zinc y cobre. Un tipo de latón blanco (y más fino) tenía una mezcla de plata, que se utilizó para los espejos, y que también se conoció como "latón corintio". Incorporar cobre al compuesto producía un color amarillo, casi una apariencia dorada.

El cobre y el bronce producían material para una gran variedad de utensilios domésticos, como calderos, jarras, cubetas y además de una amplia gama de herramientas y armas, como dagas, espadas, lanzas y hachas de guerra.
Pero no solo eran expertos en la exploración y explotación de minerales metálicos, conocemos que estas técnicas también las aplicaban para otros minerales no metálicos.

Un nuevo modelo de planificación Ambiental.

Uno de esas producciones se enfocaban en artículos vidriados, desde el período predinástico. Los objetos vidriados de esta época antigua eran principalmente perlas, con cuarzo sólido o esteatita para utilizarse como un núcleo. La esteatita se utilizaba para tallar objetos pequeños como amuletos, colgantes y figuras pequeñas de *neteru* (dioses/diosas), así como unos pocos artículos más grandes, y ofrecía una base ideal para el vidriado. Los objetos de esteatita vidriados se descubrieron en el período dinástico [3050–343 a.e.c.], y es con diferencia el material más común para los escarabajos. Las mismas técnicas del vidriado se utilizaron para producir en masa equipamiento funerario (amuletos, figuras de *shabti*) y decoración doméstica (azulejos, incrustaciones con motivos florales).

La alta calidad y amplísima variedad de artículos de vidrio del Antiguo Egipto son indicativas del conocimiento de la metalurgia del Antiguo Egipto. Los colores más comunes del vidrio egipcio eran el azul, el verde o el verde azulado. El color es el resultado de añadir un compuesto de cobre o malaquita, que para la época era muy común su uso. Los resultados más brillantes se lograron al utilizar una mezcla de cobre y plata. El abanico de colores de estas piedras semipreciosas es fascinante, varía desde el azul límpido del lapislázuli al azul turbulento de la turquesa y el dorado moteado de la cornalina, estas son las tres piedras más representativas del arte de la joyería egipcia. Sin embargo, también había ágata, amatista y hematita. Además, deberíamos tener en cuenta que el artesano egipcio hacía maravillas con esmalte, placas grandes que se decoraban con jeroglíficos o cartelas.

El cristal del Antiguo Egipto se formó al calentar intensamente la arena de cuarzo y el natrón con una pequeña mezcla de agentes colorantes como un compuesto de cobre o la malaquita, para producir tanto cristales verdes como azules. También se utilizaba el Cobalto, que tenía que importarse. Después los ingredientes se fundían en una masa fundida, el calentamiento terminaba cuando la masa lograba las propiedades deseadas. Con la masa enfriada, se vertía en moldes, y se extendía en varillas o cañas delgadas u otra forma deseada.

Los antiguos egipcios mostraban sus conocimientos excelentes de las diferentes propiedades de los materiales en el arte de la tinción del cristal con distintos colores, como se desprende de los numerosos fragmentos encontrados en las tumbas de Luxor (Tebas). Su habilidad en este proceso complicado les permitió imitar el brillo intenso de las piedras preciosas. Algunas perlas de imitación han sido tan bien imitadas, que incluso en la actualidad es difícil diferenciarlas de las perlas reales con lentes potentes.

Un nuevo modelo de planificación Ambiental.

En fin, la experiencia minera egipcia esta ordenada en la civilización del Antiguo Egipto, donde mantenían registros escritos que muestran la naturaleza de sus expediciones y los preparativos de sus actividades mineras. Los registros que se conservan del Antiguo Egipto muestran una organización impresionante de actividades mineras hace más de 5.000 años, en numerosos lugares tanto fuera como dentro de Egipto.

Las minas de turquesa de *Serabit el-Jadim* en la Península del Sinaí muestran una cantera minera típica del Antiguo Egipto, que consta de una red de cavernas y pasajes horizontales y verticales cuidadosamente excavados con esquinas apropiadas, como fueron las canteras de los antiguos egipcios en todos los períodos. Los antiguos egipcios podían excavar largo y profundo en las montañas con el apuntalamiento adecuado y el apoyo de pozos y galerías excavadas. La infiltración de agua subterránea en las galerías y en los pozos se bombeaba de manera segura hasta el nivel del suelo. Estas bombas egipcias fueron famosas en todo el mundo, y se utilizaron en las actividades mineras de Iberia.

En las minas de *Uadi Maghara*, en el Sinaí, todavía permanecen las cabañas de piedra de los trabajadores, así como una pequeña fortaleza, construida para proteger a los egipcios emplazados allí de los ataques de los beduinos del Sinaí. Había un pozo de agua no muy lejos de estas minas, y grandes cisternas en la fortaleza para mantener el agua. Las minas de Uadi Maghara estuvieron activas durante toda la época dinástica [3050–343 a.e.c.].

Adicional a esto los egipcios eran muy religiosos siempre asociaban sus creatividades a la construcción de templos/santuarios junto con estelas conmemorativas cerca/en cada emplazamiento minero. Las mismas prácticas exactas se encontraron en emplazamientos mineros fuera de Egipto, como en la Península Ibérica, donde se extraía de minas de plata, cobre, etc. desde tiempos inmemoriales

Cada emplazamiento minero se concebía y planificaba con planos de desarrollo. Se encontraron dos papiros del Antiguo Egipto, que incluían mapas de lugares, relacionados con la actividad minera del oro durante los reinados de los faraones *Seti I y Ramsés II*. Un papiro, que sólo se conserva parcialmente, representa el distrito de oro de la montaña Bechen en el Desierto arábigo, y que pertenece a la época de Ramsés II. El plano del lugar del papiro encontrado representa dos valles que discurren en paralelo entre sí entre las montañas. Uno de estos valles, como muchos de los valles más grandes del desierto, está cubierto de sotobosque y bloques de piedra que controlan la erosión del suelo como resultado de la evacuación del agua superficial. El plano preparado para el lugar muestra los detalles principales del lugar, como la red de viales dentro del emplazamiento minero y su

Un nuevo modelo de planificación Ambiental.

conexión con el sistema de calzadas exterior y las "rutas que conducen al mar". El plano del lugar también muestra zonas de tratamiento de metales de mena, pequeñas casas, zonas de almacenaje, varias edificaciones, un pequeño templo, un tanque de agua, entre otras cosas. La zona circundante del emplazamiento minero muestra terreno cultivado, para suministrar la comida necesaria para la colonia del emplazamiento minero.
Los registros del Antiguo Egipto muestran la estructura organizativa de las operaciones mineras. Registros que se conservan del Antiguo Egipto muestran los nombres y los títulos de varios funcionarios que, durante los Reinos Antiguo y Medio, dirigieron los trabajos en *Hammama*t, en las minas de *Bechen en el Desierto arábigo*. Entre ellos se incluían ingenieros, mineros, herreros, albañiles, arquitectos, artistas, destacamentos de seguridad y capitanes de embarcaciones, quienes mantienen la integridad de las piezas de las embarcaciones para volver a montarlas cuando la expedición logra llegar a aguas navegables.

Los antiguos egipcios buscaban materias primas en otros países y utilizaban su experiencia autóctona para explotar, extraer y transportar las materias primas desde todo el mundo habitado.

LA MINERIA EN EL AUGE DEL IMPERIO ROMANO

E*n la época Romana,* la **industria minera** en Europa tuvo un importante auge. Los romanos se pusieron en contacto con un país mediterráneo rico en minas, cuando en el año 206 a. C. arrojaron a los cartagineses de Hispania con ocasión de la Segunda Guerra Púnica. La Península Ibérica fue el distrito más rico de todo el Mundo Antiguo y el primero que fue explotado por los romanos a gran escala, supusieron un incremento de las fuentes minerales de Roma, permitidos por la tecnología y metalurgia del momento.

Hispania, que poseía ya una importante tradición minera, se va poco a poco convirtiendo, durante el período que se extiende desde el año 218 a.C. hasta el 19 a.C. (final de las Guerras Cántabras), en una auténtica colonia de explotación minera para Roma.

Las fuentes antiguas relatan las grandes riquezas mineras de Hispania. Mela (II, 86) y Plinio (NH. III, 30), entre otros, afirman que los minerales más abundantes son el hierro, el plomo, el cobre, la plata y el oro. Estrabón (III, 2, 9) hace alusión a la riqueza de plata, estaño y oro blanco, mezclado con plata, contenido en los territorios del noroeste de Hispania. Riquezas que sin duda alguna ayudo al auge y éxito de todo el imperio romano, con esa

Un nuevo modelo de planificación Ambiental.

mezcla de riquezas sumado a la aleación de los minerales metálicos para construir armas más fuertes y ligeras en la relación con las existentes de la época, los convertían en un ejército imponente y letal llevándolos a ocupar grandes extensiones de terreno y esto a su vez generaba un crecimiento de la sociedad creando una sedienta demanda de recursos naturales para satisfacer las necesidades que permitiesen un gran desarrollo y sostenibilidad del imperio.

No todo era color de oro, los romanos pasaron por grandes retos que los llevo a resolver algunos serios inconvenientes que se presentaban día a día incorporando en la planificación ideas para concentrar la tecnología e Innovación, que al final del día dieron el desarrollo necesario para hacer una recuperación más eficiente, aunque sería atrevido asegurar que más segura, lo que sí es posible en nuestros días, la combinación de empresa productiva y segura donde tenemos la gran oportunidad de ser nuestros propios titanes romanos sustentables.

Uno de los grandes problemas que los romanos fueron capaces de resolver, a diferencia de sus antecesores, fue el problema del agua. En una explotación es necesario profundizar cada vez más para poder extraer el material, manteniendo vivos los niveles de producción. A medida que se profundiza en dicha explotación el agua aumenta. Gracias a los conocimientos topográficos de este práctico pueblo y a su maquinaria de extracción de agua fue posible solucionar este problema.

Los grandes conocimientos geológicos y su destreza en las labores de prospección del terreno hicieron que las labores de prospección minera fueran muy exhaustivas e intensas. Tanto es así que actualmente sigue siendo motivo de asombro. Sin embargo, algunos expertos aseguran que en los trabajos de prospección aurífera de los romanos están basados en una aplicación sistemática de criterios empíricos.

En las excavaciones subterráneas, la iluminación de las galerías se realizaba mediante lámparas de aceite elaboradas en arcilla cocida, colocadas en pequeñas cavidades, que reciben el nombre de lucernarios, excavadas a la altura que consideraban apropiada.

Se introducen las herramientas de hierro para el arranque de material, con lo que se consigue una optimización de los rendimientos de trabajo, dejándose de utilizar los útiles de piedra o hueso. Las técnicas del fuego y agua para trabajar con rocas muy duras siguen siendo utilizadas en esta época, tanto en el avance en galerías como para el abatimiento de masas rocosas. Este

Un nuevo modelo de planificación Ambiental.

método puede presentar algunas limitaciones en ambientes pequeños o de escasa ventilación.

Destaca el uso de la madera para las labores de sostenimiento y entibación, ya utilizado anteriormente por otros pueblos. El uso de este material tiene algunas ventajas, como ser abundante y fácil de trabajar. Más adelante, recurrieron a utilizar roca como complemento a la madera. En el transporte, los romanos efectuaban las operaciones de izado mediante unos cables fabricados con fibras vegetales o de cuero, y en ocasiones los utilizaban con un sistema de poleas.

Para las operaciones de drenaje destaca el uso de la noria o rueda de cangilones. Éstas eran accionadas mediante la fuerza del hombre, que debían pisar unos travesaños ubicados en su parte exterior. Algunas ruedas encontradas llegan a tener un diámetro de 4,5 metros. Otros sistemas empleados fueron el Tornillo de Arquímedes o las Bombas de Doble Pistón.

El aporte que realizaron los romanos a las labores de minería a cielo abierto fue el uso de la fuerza hidráulica para la minería aurífera. El agua se utilizaba tanto para el lavado como para la extracción de material, lo que implica una reducción de la mano de obra. El ejemplo de minería romana a cielo abierto más impresionante lo podemos encontrar en *Médulas de León*, con la construcción de una red hidráulica con 600 kilómetros de canales.

Todos estos datos magnifica la planificación y estructuración de los trabajos de minería efectuados por los romanos, haciendo que la explotación de los yacimientos existentes fuese mucho más fructífera que la que habían realizados pueblos anteriores. Sin menos preciar el legado que nos deja, y la relación histórica de como las sociedades se adaptan a las necesidades existente en un momento característico de la época, que en algunos casos marca un hito en la historia contemporánea, esa velocidad de adaptación supone un beneficio traducido en desarrollo y bienestar.

EL DESARROLLO URBANO EN LA *ANTIGUA GRECIA*

Durante *la Antigua Grecia*, una gran variedad de minerales y piedras preciosas fueron extraídas para la construcción de palacios, templos y esculturas. Buena parte de las prácticas griegas fueron adoptadas por los romanos, aunque estos aportaron a la industria a partir de la **construcción de acueductos** que les permitió hallar y explotar nuevos minerales.

Un nuevo modelo de planificación Ambiental.

En el siglo IV a.C., *Tóricos y Laurion*, que está al lado, se convirtieron en el distrito minero más importante de Grecia, gracias a los nuevos procedimientos técnicos para extraer plata

Uno de los lugares más destacados de la Antigua Grecia es la *acrópolis micénica de Tóricos*, una ciudadela fortificada que domina el puerto natural de Lavrio, al sur de la región de Ática. Un sitio estratégico no sólo por lo recogido del paraje, que estaba protegido de forma natural por una pequeña isla llamada Macri, sino también porque de allí se extraían minerales como plata y plomo.
Las galerías se desarrollan por varios niveles superpuestos y su estructura permite imaginar cómo fue la evolución de la actividad minera con el paso de los tiempos. Donde descubrieron ejes que conectaban los dos niveles principales pese a la dificultad de acceso, donde claramente obliga a recurrir a técnicas de **escalada** y **espeleología**.

El hallazgo de cerámica y martillos de piedra volcánica, fabricados en una cantera cercana, es una referencia para la datación cronológica entre la **etapa final del Neolítico** y la **inicial del Heládico**, sobre el año 3200 a.C. Esta fecha, si se confirma con investigaciones complementarias, revolucionaría las conocidas hasta ahora para la actividad minera en el ámbito del Egeo.

Las minas de Laurión son minas de cobre y plomo, pero principalmente conocidas por el metal de plata que producen. Muchos restos (pozos, galerías, talleres de superficie) aún marcan el paisaje del extremo sur de Ática, entre Tórico y el cabo Sounión, a unos cincuenta kilómetros al sur de Atenas, Grecia.

Después de una fase prehistórica de explotación de galena de cobre y plata, data del período clásico una recuperación general de la explotación.

Los atenienses desplegaron una energía espectacular e inventiva para aprovechar al máximo el mineral, afectando en particular a muchos esclavos. Esto contribuyó significativamente a la fortuna de la ciudad y fue un factor indudablemente decisivo en el establecimiento, a la escala del mundo egeo, de la talasocracia ateniense. El desarrollo de la moneda ateniense y su función como moneda de referencia en todo el mundo griego en ese momento también explican la riqueza de los depósitos explotados en Laurión, el primer hito importante en la historia de la extracción de plata.

Un nuevo modelo de planificación Ambiental.

En los siglos V a. C. y IV a. C., la ciudad ateniense obtuvo importantes ingresos procedentes de la explotación de la plata. Su descubrimiento real probablemente se remonte al último cuarto del siglo VI a. C.

Los beneficios procedentes de la explotación de las minas de Laurión contribuyeron en gran medida a sostener la política imperialista de Atenas en el siglo V a. C., y estos beneficios tendrían miradas ajenas de la región lo que explica la voluntad de Esparta de dificultar la extracción de los recursos metalíferos, e iniciar ataques sistemáticos lo que llevaría al principio de la Guerra del Peloponeso, mediante incursiones militares en la región de Ática y especialmente en Laurión, con el objetivo de devastar la infraestructura de producción, pues los espartanos eran conscientes de que la guerra no dependía tanto de las armas y los hombres, como del dinero que permitía su fabricación y mantenimiento a gran escala.

Como en los tiempos actuales los intereses se superponen originando pensamientos de codicia entre las regiones, distando a un entendimiento bilateral, que bien planificado como lo hacían lo romanos darían beneficios en todas las direcciones.

Otra de las desventajas por la falta de cooperación es la reanudación de la actividad en las minas, donde fue lenta y progresiva, al menos hasta el primer tercio del siglo IV a. C. Se explotaban pequeñas cantidades de mineral en los talleres de superficie y en las galerías antiguas, sin abrirse otras galerías nuevas. Tal falta de inversión se explica tanto por la dificultad de la reconstitución de la gran fuerza de trabajo existente antes de 413 a. C. y por los pocos ingresos obtenidos por los atenienses de las concesiones de la explotación de las minas, en relación con la cantidad de dinero que invirtieron para abrir nuevas galerías.

Todo esto lleva a un retraso considerable de la explotación y no fue hasta la segunda mitad del siglo IV a. C., cuando las minas alcanzaron las más altas cotas de producción, la prospección y apertura de nuevos pozos y galerías se multiplicaron, corroborado por el hecho de que la mayoría de las lámparas encontradas pertenecen a este período.

Ese repunte de la producción se debió a la gran expertica de los mineros de Laurión que estaban lejos de actuar al azar. Habían adquirido un conocimiento muy preciso de las características geológicas del subsuelo y aplicaban sus conocimientos teóricos para dirigir su investigación, cavaban allí porque sabían las condiciones especiales para conseguir el mármol por ejemplo, sabían que debía existir un fondo y un tope así comenzaron a investigar donde lógicamente debería haber mineral, y cuales eran esa

Un nuevo modelo de planificación Ambiental.

condiciones especiales para identificar el área productiva, de nuevo la innovación nos ayuda al mejoramiento de la recuperación.

Una de estas manifestaciones de estratigrafía secuencial es el pozo *Kitso*, en la región de *Maronea*, los mineros comenzaron su prospección en el mármol superior, entendían que era delgado; cinco metros más abajo, llegaron al esquisto, sin siquiera interesarse por el segundo contacto, continuaron su descenso a una capa de mármol, de 59 metros de profundidad. Pensando que estaban en el nivel del tercer contacto (en el límite inferior de la capa de esquisto y superior de la segunda capa de mármol), rico en mineral, cavaron galerías laterales, sin encontrar el mineral deseado. De hecho, esta capa de mármol era en realidad un delgado bloque de piedra caliza insertada en el esquisto, el contacto real era veinte metros más bajo. Este es un caso raro en Laurión, y por lo tanto no se correspondía con la ciencia de los mineros. Concluyeron, basándose en su conocimiento, en la ausencia de mineral allí y, por lo tanto, abandonaron esta investigación infructuosa.

De esta forma las explotaciones mineras de Laurión tienen los pozos verticales más profundos de la antigüedad. De una sección rectangular o cuadrada de menos de dos metros de ancho, a veces descienden a más de cien metros (119 metros la más profunda conocida) pero más generalmente entre cincuenta y sesenta metros. Se cortan de forma muy uniforme, de modo que cada lado es plano. Su verticalidad es sorprendente: Se estima que dos trabajadores tardaban veinte meses en excavar un pozo de 100 metros de profundidad.

Las galerías eran estrechas (50 a 60 cm de ancho, 60 a 90 cm de alto), lo que no facilitaba el trabajo y el movimiento de los mineros ni la evacuación del mineral extraído, lo que nos lleva a pensar que el trabajo lo realizaba una sola persona. Cuando las excavaciones eran más grandes, los trabajadores dejaban porciones de rocas pobres en minerales que servían como pilares (ormos), la estrechez de las galerías permitía limitar en la mayoría de los casos el riesgo de derrumbe; además, aceleraba la progresión. Los mineros atacaban el frente de corte excavando muescas de 12 cm de ancho en toda la altura de la galería. Después de cinco muescas, toda la galería, de 60 cm de ancho, había progresado desde la profundidad de estas muescas. El trabajo duraba unas diez horas, lo que corresponde a la velocidad de rotación de los equipos y a la capacidad de iluminación de las lámparas, al cabo de un mes, la galería se había excavado diez metros.

Todo este movimiento se hacía con la ayuda con un martillo (tukos) de 2,5 kg de mango corto (veinte a treinta centímetros) de madera de olivo y cuya cabeza tenía una punta de cuatro lados para romper la roca por un lado y

Un nuevo modelo de planificación Ambiental.

una cabeza plana por el otro. Esta cabeza plana se utilizaba para golpear cinceles de doble cara o varillas metálicas de 2 a 3 cm de diámetro llamadas punteros de cantero (xois), de 25 a 30 cm de largo y con un extremo biselado de cuatro caras afilado. Dada la naturaleza muy dura del mármol en el que se excavaron las galerías, se estima que un trabajador tenía que utilizar entre diez y trece puntas en diez horas de trabajo, herramientas que tenía que reparar y afilar regularmente. Ello a pesar de que estas herramientas de hierro martillado y templado estaban hechas de un metal de excelente calidad. El pico, que suele consistir en una punta de cuatro lados en un lado, un martillo capaz de clavar en un punto o esquina en el otro, es la tercera herramienta básica. Se han encontrado varias copias de estas herramientas abandonadas en las galerías. Se utilizaba generalmente para atacar las partes más frágiles de la roca.
Los trabajadores también utilizaban ganchos de hierro para recoger los escombros que se recogían en cestas de esparto o cuero que otro esclavo arrastraba por el pozo, desde donde eran elevados por un sistema de poleas. Hoy en día, podemos observar en la superficie los restos de los muros bajos que se utilizaban como anclajes para grúas.

Los mineros utilizaban pequeños candiles de terracota para la iluminación, idénticas a las utilizadas habitualmente por los griegos de la época en sus actividades cotidianas, que humeaban mucho y consumían una parte del escaso oxígeno del aire, que se convirtió un punto importante para resolver. Normalmente tienen una sola boquilla, pero se han encontrado con varias boquillas, y luego se utilizaron para iluminar intersecciones importantes o grandes obras de construcción. A su término un nuevo equipo se hacía cargo de la operación de las minas día y noche.

Parece increíble que toda esta maquinaria se acoplara, en primera instancia, para mantener a las tropas, era importante amparar al ejército con toda su indumentaria más los utensilios que necesitaban en los campos de guerra, adicional al acuñamiento de dinero para sostener al imperio en constante movimiento económico.

Durante los primeros siglos medievales, la salida del metal estaba en una disminución constante y la restricción en las actividades de pequeña escala eran la causa principal para el estancamiento económico, político y social en la decadencia que siguió al mundo romano afectados Europa, durante todo el período medieval temprano, y tuvo un impacto fundamental en el progreso tecnológico, el comercio y la organización social. Los desarrollos tecnológicos que afectaron el curso de la producción de metales.

Un nuevo modelo de planificación Ambiental.

LA MINERIA, EL AVANCE EN *LA EDAD MEDIA*

En la Edad Media, las condiciones económicas y sociales empujo al sector a que se enfocara principalmente en la extracción de cobre, hierro y otros metales preciosos, empleándolos para acuñar monedas e indumentaria guerrera: armas, catapultas, etcétera, y dictó el aumento de la necesidad de metal para la agricultura, brazos, estribos, y la decoración, esto comenzó a favorecer la metalurgia y se observó un progreso general lento pero constante, que repunto con el descubrimiento del nuevo mundo.

El período inmediatamente después del siglo XX, marca la aplicación generalizada de varias innovaciones en el campo de la minería y tratamiento de minerales. Se marca un cambio a gran escala y una mejor calidad de la producción. mineros y metalúrgicos, medievales, tuvieron que encontrar soluciones para los problemas prácticos que limitaban la producción anterior de metal, con el fin de satisfacer las demandas del mercado de metales.

Gracias a la alta demanda por plata y cobre, la actividad minera en la Europa medieval pasó a ser el sector económico más importante, después de la agricultura.
Si bien es cierto que la demanda por productos orientales como seda y especias era alta, estos en Europa no tenía muchos productos de lujo o de alto valor que ofrecer y la exportación de materias primas, en general, no era rentable por los altos costos de flete. Fueron los productos mineros como la plata, el cobre, bronce y el reciente latón los que constituyeron los principales objetos europeos.

El latón fue descubierto por los romanos, pero inicialmente su uso fue muy restringido por lo complejo y costoso de su proceso. Con el auge de las ciudades europeas también aumentó la demanda por esta aleación que se prestaba especialmente para objetos decorativos y religiosos. Las primeras producciones de latón en la Edad Media se remontan al siglo X en Dinant, Bélgica, zona rica en calamina, un carbonato de zinc que se usaba para la fabricación de latón. Esta zona metalífera de zinc y plomo se extendió hasta Aquisgrán y Colonia en Alemania.

Rápidamente los artesanos de Dinant se adueñaron del mercado y sus productos se hicieron famosos en toda Europa. La introducción de los martillos hidráulicos (siglo XV) en la molienda del mineral y en la forja del metal aumentó enormemente la eficiencia de los costos. El cobre para la fabricación del latón provenía del Harz (Alemania) y de Falun (Suecia).

Un nuevo modelo de planificación Ambiental.

Los poderosos gremios eran muy celosos en proteger su oficio de metalúrgicos y no alejaban los conflictos y guerras con ciudades rivales. Para proteger a sus artesanos incluso prohibieron el uso de los modernos martillos hidráulicos en el trabajo del metal, lo que no fue el caso de ciudades rivales como Aquisgrán y Stolberg en Alemania. La consecuencia fue que Dinant ya no pudo competir, sus mejores maestros emigraron y crearon en Stolberg el nuevo centro del latón en Europa. La oposición a los adelantos técnicos finalmente terminó con el liderazgo de cuatro siglos de Dinant en el mundo del latón.

La plata y el cobre fueron producidos principalmente en Alemania, el estaño provenía de Gales y el latón se fabricaba en Bélgica, y después en Alemania. El oro provenía de África Occidental (Ghana, Mali) y llegaba al Mediterráneo a través de caravanas que atravesaban el desierto de Sahara por la ruta del Sudán. Este monopolio del oro fue uno de los factores que buscaron quebrar los portugueses (fuera del control comercial de las especias) en su afán de buscar una vía marítima al Oriente. En sus descubrimientos marítimos a mediados del siglo XV llegaron a las costas de Mali y al Reino de Akan (Ghana) y comenzaron a comercializar cobre, latón y vidrio contra oro y esclavos. Dado que el transporte marítimo era mucho más económico que el costo de las caravanas que requerían meses para atravesar los miles de kilómetros necesarios para llegar al Mediterráneo, el control del comercio del oro pasó rápidamente a manos portuguesas.

En la Edad Media todas las minas pertenecían al rey o emperador, quien las concesionaba temporalmente a empresarios particulares contra un pago mensual determinado. Este arriendo tenía que ser menor a la utilidad que dejaba el negocio y la utilidad dependía primordialmente del precio. Pues bien, la forma más fácil para subir los precios era creando un monopolio. Dicho y hecho: Carlos V cedió a los Fugger todas las minas de cobre, plata y mercurio de su vasto imperio (excluida América), lo que le permitió subir drásticamente el valor de la concesión y de acuerdo con éste se fijaba el precio. Con ello ingresaron enormes cantidades de dinero a las arcas reales e imperiales, lo que finalmente permitió a Carlos V devolver las cuantiosas sumas adeudadas.

En todas las etapas de la humanidad, vemos la minería como pilar fundamental del desarrollo para nuestras sociedades, desde el Paleolítico, pasando por el Mesolítico hasta llegar al Neolítico el hombre siempre busco los recursos naturales que nuestro planeta nos regala para cubrir nuestras necesidades, en algunos casos necesidades personales.

Un nuevo modelo de planificación Ambiental.

En todo caso, la busca impecable de los recursos nos ha llevado a aplicar nuevas tecnologías e innovar en las fases de exploración y explotación para aprovechar de la mejor manera los minerales, pasamos desde unas herramientas líticas al desarrollo de grandes refinerías y aleaciones para obtener nuevos materiales diversificando los recursos.

En nuestros tiempos el desarrollo de la tecnología es gracias a la investigación científica, lo que nos tiene que llevar a una nueva planificación ambiental, es cierto que nuestros recursos son necesarios para el desarrollo y mantenimiento de las sociedades, pero también es cierto que la investigación debe hacer estos recursos más longevos dando una relación de lubricantes – materiales - consumo para disminuir la fricción y poder tener productos de alta calidad evitando un desgaste por uso. Ahora nos toca utilizar esas mismas herramientas para educar en el uso eficiente y responsable de todos loes equipos, utensilios, herramientas, medios de transporte, y todo lo que involucra minerales o recursos naturales.

Un nuevo modelo de planificación Ambiental.

Un nuevo modelo de planificación Ambiental.

2 BREVE HISTORIA DE LA INDUSTRIA PETROLERA

El uso petróleo se conoce desde la prehistoria, pero con dicho lo conocemos desde el siglo XIX. Los indígenas de la época precolombina en América conocían y usaban el petróleo, que les servía de impermeabilizante para embarcaciones, proceso que sirvió para la perfección de los barcos europeos.

Durante varios siglos los chinos utilizaron el gas del petróleo para la cocción de alimentos, hogueras para mantener el frio alejado, entre otras cosas. Sin embargo, antes de la segunda mitad del siglo XVIII las aplicaciones que se le daban al petróleo eran muy pocas.

Fue el coronel Edwin L. Drake quien perforó el primer pozo petrolero del mundo en 1859, en Estados Unidos, logrando extraer petróleo de una profundidad de 21 metros.

También fue Drake quien ayudó a crear un mercado para el petróleo al lograr separar la kerosina del mismo. Este producto sustituyó al aceite de ballena empleado en aquella época como combustible en las lámparas, cuyo consumo estaba provocando la desaparición de estos animales, marca el reemplazo de un recurso por otro.

Pero no fue sino hasta 1895, con la aparición de los primeros automóviles, que se necesitó la gasolina, ese nuevo combustible que en los años

Un nuevo modelo de planificación Ambiental.

posteriores se consumiría en grandes cantidades. En vísperas de la primera Guerra Mundial, antes de 1914, ya existían en el mundo más de un millón de vehículos que usaban gasolina.

En efecto, la verdadera proliferación de automóviles se inició cuando Henry Ford lanzó en 1922 su famoso modelo "T". Ese año había 18 millones de automóviles; para 1938 el número subió a 40 millones, en 1956 a 100 millones, y a más de 170 millones para 1964. Actualmente es muy difícil estimar con exactitud cuántos cientos de millones de vehículos de gasolina existen en el mundo.

Lógicamente el consumo de petróleo crudo para satisfacer la demanda de gasolina ha crecido en la misma proporción. Se dice que en la década de 1957 a 1966 se usó casi la misma cantidad de petróleo que en los 100 años anteriores. Estas estimaciones también toman en cuenta el gasto de los aviones con motores de pistón.

Otra fracción del petróleo crudo que sirve como energético es la del gasoil, que antes de 1910 formaba parte de los aceites pesados que constituían los desperdicios de las refinerías. El consumo del gasoil como combustible se inició en 1910 cuando el almirante Fisher de la flota británica ordenó que se sustituyera el carbón por el gasóleo en todos sus barcos. El mejor argumento para tomar tal decisión lo constituyó la superioridad calorífica de éste con relación al carbón mineral.

Más tarde se extendió el uso de este energético en la marina mercante, en los generadores de vapor, en los hornos industriales y en la calefacción casera.

El empleo del gasoil se extendió rápidamente a los motores Diesel. A pesar de que Rudolph Diesel inventó el motor que lleva su nombre, poco después de que se desarrolló el motor de combustión interna, su aplicación no tuvo gran éxito pues estaba diseñado originalmente para trabajar con carbón pulverizado.

Cuando al fin se logró separar la fracción ligera del gasoil, a la que se le llamó Diesel, el motor de Rudolph Diesel empezó a encontrar un amplio desarrollo. Por lo tanto, estos motores encontraron rápida aplicación en los barcos de la marina militar y mercante, en las locomotoras de los ferrocarriles, en los camiones pesados, y en los tractores agrícolas.

Un nuevo modelo de planificación Ambiental.

Después de este breve análisis de la historia del desarrollo y uso de los combustibles provenientes del petróleo, vemos claramente que el mayor consumidor de estos energéticos es el automóvil.

Esto se debe no sólo al hecho de tener en circulación millones de vehículos con motores de combustión interna, sino a la muy baja eficiencia de sus motores, ya que desperdiciarían el 75% ciento de la energía generada, como se mencionó anteriormente.

Así pues, como el automóvil sigue siendo el cliente principal para la mayor parte de las refinerías petroleras que están diseñadas para proveer de gasolina a este cerrado mercado.

Después de la aparición del automóvil, el mundo empezó a moverse cada vez más acelerado, requiriendo día a día vehículos de mayor potencia, y por lo tanto mejores gasolinas.

FORMACIÓN DEL PETROLEO

Existen varias teorías sobre la formación del petróleo. Sin embargo, la más aceptada es la teoría orgánica que supone que se originó por la descomposición de los restos de animales y algas microscópicas acumuladas en el fondo de las lagunas y en el curso inferior de los ríos.

Esta materia orgánica se cubrió paulatinamente con capas cada vez más gruesas de sedimentos, al abrigo de las cuales, en determinadas condiciones de presión, temperatura y tiempo, se transformó lentamente en hidrocarburos (compuestos formados de carbón e hidrógeno), con pequeñas cantidades de azufre, oxígeno, nitrógeno, y trazas de metales como fierro, cromo, níquel y vanadio, cuya mezcla constituye el petróleo crudo.

Estas conclusiones se fundamentan en la localización de los mantos petroleros, ya que todos se encuentran en terrenos sedimentarios. Además, los compuestos que forman los elementos antes mencionados son característicos de los organismos vivientes.

Ahora bien, existen personas que no aceptan esta teoría. Su principal argumento estriba en el hecho inexplicable de que, si es cierto que existen más de 30 000 campos petroleros en el mundo entero, hasta ahora sólo 33 de ellos constituyen grandes yacimientos. De esos grandes yacimientos 25 se encuentran en el Medio Oriente y contienen más del 60 % de las reservas probadas de nuestro planeta, en todos los yacimientos solo se puede

Un nuevo modelo de planificación Ambiental.

recuperar un aproximado de 30 % de su totalidad con las mejores de las tecnologías.

Otras teorías que sostienen que el petróleo es de origen inorgánico o mineral. Los científicos soviéticos son los que más se han preocupado por probar esta hipótesis. Sin embargo, estas proposiciones tampoco se han aceptado en su totalidad.

Una versión interesante de este tema es la que publicó Thomas Gold en 1986. Este científico europeo dice que el gas natural (el metano) que suele encontrarse en grandes cantidades en los yacimientos petroleros, se pudo haber generado a partir de los meteoritos que cayeron durante la formación de la Tierra hace millones de años.

Los argumentos que presenta están basados en el hecho de que se han encontrado en varios meteoritos más de 40 productos químicos semejantes al querógeno, que se supone es el precursor del petróleo.

Y como los últimos descubrimientos de la NASA han probado que las atmósferas de los otros planetas tienen un alto contenido de metano, no es de extrañar que esta teoría esté ganando cada día más adeptos.

Podemos concluir que a pesar de las innumerables investigaciones que se han realizado, no existe una teoría infalible que explique sin lugar a dudas el origen del petróleo pues ello implicaría poder descubrir los orígenes de la vida misma.

Este líquido viscoso cuyo color varía entre amarillo y pardo obscuro hasta negro, con reflejos verdes con un olor característico y flota en el agua. Es objeto de grandes controversias y ambiciones por todo lo que genera en el planeta.

Pero si se desea saber todo lo que se puede hacer con el petróleo, esta definición no es suficiente. Es necesario profundizar el conocimiento para determinar no sólo sus propiedades físicas sino también las propiedades químicas de sus componentes.

La mezcla de hidrocarburos, compuestos que contienen en su estructura molecular carbono e hidrógeno principalmente, donde el número de átomos de carbono y la forma en que están colocados dentro de las moléculas de los diferentes compuestos proporciona al petróleo diferentes propiedades físicas y químicas. Así tenemos que los hidrocarburos compuestos por uno a cuatro átomos de carbono son gaseosos, los que

Un nuevo modelo de planificación Ambiental.

contienen de 5 a 20 son líquidos, y los de más de 20 son sólidos a la temperatura ambiente.

El petróleo crudo varía mucho en su composición, lo cual depende del tipo de yacimiento de donde provenga, pero en promedio podemos considerar que contiene entre 83 y 86% de carbono y entre 11 y 13% de hidrógeno.

Mientras mayor sea el contenido de carbón en relación al del hidrógeno, mayor es la cantidad de productos pesados que tiene el crudo. Esto depende de la antigüedad y de algunas características de los yacimientos. No obstante, se ha comprobado que entre más viejos son, tienen más hidrocarburos gaseosos y sólidos y menos líquidos entran en su composición.

En la composición del petróleo crudo también figuran los derivados de azufre (que huelen a huevo podrido), además del carbono e hidrógeno.

Además, los crudos tienen pequeñas cantidades, del orden de partes por millón, de compuestos con átomos de nitrógeno, o de metales como el fierro, níquel, cromo, vanadio, y cobalto.
Por lo general, el petróleo tal y como se extrae de los pozos no sirve como energético ya que requiere de altas temperaturas para arder, pues el crudo en sí está compuesto de hidrocarburos de más de cinco átomos de carbono, es decir, hidrocarburos líquidos. Por lo tanto, para poder aprovecharlo como energético es necesario separarlo en diferentes fracciones que constituyen los diferentes combustibles. Y todo esto requiere un desarrollo de tecnologías dignas de un proceso natural tal enigmático y prolijo como lo es la formación del Petróleo.

EL PETRÓLEO PRECOLOMBINO

El petróleo y su relación con los hombres es más variada y anterior de lo que se cree. En distintas partes del mundo se le conoció con distintos nombres. Betún, nafta, y Alquitrán, en las antiguas culturas del medio oriente, ricas en manaderos naturales de esta sustancia.

En América tiene varios nombres reconocidos por los arqueólogos, *el chapopote* de los antiguos mexicanos, *el copé o copey,* palabra de origen tallán, pueblo que floreció en lo que hoy en día es el norte del Perú, y *Mene* en tierra venezolanas, lo que, si es claro que desde su salida imprevista a nuestra superficie, fue considerado por nuestros aborígenes como el

Un nuevo modelo de planificación Ambiental.

curador de enfermedades o de cualquier otra afección física, pues ellos sabían de tus propiedades químicas y las consideraban como una bendición que les otorgaban los Dioses, de sus creencias religiosas. Con la espesura que te caracteriza, puede estar conformado por más de un compuesto químico que permite la creación de muchos productos o su producto.

En cuanto a los usos que el hombre antiguo encontró para esta sustancia, una de las primeras y más evidentes fue el aprovechamiento de sus cualidades combustibles para producir luz, utilizando cañas huecas o candiles, junto con mechas de lana de auquénidos o fibras vegetales. El ingenio inventado en edad remota producía una luz brillante, pero que humeaba y tiznaba fuertemente a su alrededor. Otro uso, esta vez militar, que se encontró para la brea ardiente fue el de utilizarlo en las flechas incendiarias, arma muy poderosa cuando se trataba de sitiar alguna ciudad o edificación. Existe otra utilidad que las culturas andinas encontraron para esta sustancia. Sin tener contacto con el fuego, las breas calentadas en recipientes de barro podían servir como aglutinantes. Aunque los arqueólogos todavía lo discuten, consta en los testimonios escritos que los caminos incaicos, al menos en ciertos tramos, habían utilizado ya una clase de asfalto para su construcción. El más detallado en este punto ha sido el historiador norteamericano William Prescott, quien, citando a Sarmiento de Gamboa y Garcilaso de la Vega, describió un camino inca compuesto "de grandes losas de piedra, cubiertas a lo menos en algunas partes, con una mezcla bituminosa a la que el tiempo había dado una dureza superior a la de la piedra misma".

También con las breas naturales se prepararía un betún que, se aplicaba sobre el rostro en algunos ritos religiosos. En los alrededores a otros surtidores naturales, en la selva, por ejemplo, sus virtudes como repelente de insectos, difícilmente habría pasado desapercibida. Esa observación, junto con otra sobre un uso contra los ácaros de los auquénidos en los manaderos de Pirín, en la cuenca del lago Titicaca, ha sido hecha por el historiador Waldemar Espinoza. Por su parte, ya Antonio Raimondi había observado en el siglo XIX, el curioso espectáculo de una tropilla de cerdos revolcándose instintivamente en esta "grasa de la tierra".

A estos usos ancestrales y caseros, siempre practicados en pequeña escala durante los tiempos precolombinos que su uso se remonta, aproximadamente, a 2 mil años de antigüedad, por los primeros mesoamericanos, se sumaron dos aplicaciones prácticas de importancia durante los tres siglos coloniales. Con ellos se inauguró una nueva fase en la explotación de la sustancia negra, viscosa y oleaginosa, una explotación más

Un nuevo modelo de planificación Ambiental.

intensiva pero ciertamente insignificante comparada con la escala de la explotación que llegaría después.

El primero de estos usos se trataba de utilizar las breas como pintura en las maderas que periódicamente se debían hacer a los navíos. Además de impermeabilizar mejor contra el agua salada, el calafateo con brea protegía las quillas durante cierto tiempo contra uno de los enemigos más terribles de los navegantes, la broma o gusano de mar, que llegaba a carcomer los fondos de un navío de madera, este era crucial para sellar y hacer más eficientes las embarcaciones.

Se trataba de un uso altamente apreciado y quien sabe vital para el transporte marítimo, pero el uso más intensivo, Las breas actuaban en este caso como impermeabilizantes en los fondos de las botijas de barro que se utilizaban para envasar y transportar cualquier bebida que tuviese preparada. El petróleo también fue una introducción muy temprana en la agricultura colonial y la producción de vinos y aguardientes era ya un hecho significativo a fines del siglo XVI.

Existían otros fines prácticos para el petróleo o el "aceite de piedra, como se le llamaba, aunque nuestra mentalidad de hombres modernos difícilmente los consideraría. Tal era el caso de las presuntas aplicaciones medicinales que en opinión de algunos tenían las breas. Según el historiador Pablo Macera, aseguraba que el petróleo servía para combatir "el envenenamiento, la flojera de nervios, la sofocación uterina, los efectos verminosos, la supresión de menstruos y los tumores". La Conquista y los tres siglos coloniales encontraron una gran variedad de usos a esta sustancia, pero aún se desconocían las potencias ocultas del petróleo.

Durante la colonia, y aun durante muchas décadas de la República, nada significativo ocurrió en materia de aprovechamiento de esta sustancia. Los desarrollos técnicos o incluso las necesidades de energía no apremiaban lo suficiente, como lo harían en una época posterior, en la que el maquinismo y la industria cambiarían la faz de la tierra. Entonces sonaría la hora del petróleo, y su búsqueda y extracción alcanzaría magnitudes que los antiguos pobladores nunca habrían podido soñar.

ASIA Y EUROPA CON LOS PRIMEROS YACIMIENTOS DE HIDROCARBUROS

Un nuevo modelo de planificación Ambiental.

Entre los años 6.000 y 2.000 A.C. fueron descubiertos en Irán los primeros yacimientos de gas, que sirvieron para alimentar los "*fuegos eternos*" de los adoradores del fuego de la antigua Persia.

Según Heródoto y la confirma Diodoro Sículo, el asfalto se utilizaba en la construcción de los muros y torres de Babilonia, existían pozos de petróleo en Arderica (cerca de Babilonia) y una fuente de alquitrán en Zante (Islas Jónicas). Grandes cantidades se encontraban en las riberas del río Pinarus, uno de los afluentes del Éufrates. Tabletas del antiguo Imperio Persa indican el uso de petróleo con fines medicinales y de iluminación en las clases altas de la sociedad.

El petróleo se explotaba en la antigua provincia romana de Dacia, actualmente Rumanía. Según Dioscórides el petróleo que flotaba en manantiales en Agrigento se utilizaba en lámparas en lugar de aceite de oliva.

Las primeras calles de Baghdad estaban pavimentadas con alquitrán, derivado del petróleo que se obtenía naturalmente de los campos de la región. En el siglo IX, se explotaban campos petrolíferos alrededor del moderno Bakú, Azerbaiyán. Estos campos fueron descritos por el geógrafo árabe Al-Masudi en el siglo X, y por Marco Polo en el siglo XIII, quien cuantificó la producción de los pozos como el cargamento de cientos de barcos. Sustancias químicas como el Keroseno se obtuvieron en alambique (al-ambiq) para su uso en lámparas. Químicos árabes y persas también destilaron petróleo crudo con objeto de obtener productos inflamables para uso militar. A través de la España islámica, la destilación se dio a conocer en Europa Occidental en el siglo XII. También estuvo presente en Rumanía desde el siglo XII, conociéndose como păcură.

En 1710 el médico suizo, y maestro de griego, Eirini d'Eyrinys (también escrito como Eirini d'Eirinis) descubrió asfalto en Val-de-Travers, (Neuchâtel). Estableció allí la mina de bitumen de la Presta en 1719; la cual estuvo operativa hasta 1986.

En 1745 bajo el reinado de la emperatriz Isabel I de Rusia, Fiodor Priadunov construye el primer pozo de petróleo y refinería en Ukhta. Mediante la destilación de "aceite de roca" (petróleo) obtenía una sustancia parecida al keroseno que se usaba en lámparas de aceite en las iglesias y monasterios rusos.

Arenas bituminosas se explotaban desde 1745 en Merkwiller-Pechelbronn, Alsace, bajo la dirección de Louis Pierre Ancillon de la Sablonnière, por mandato especial de Luis XV de Francia. El campo

Un nuevo modelo de planificación Ambiental.

petrolífero de Pechelbronn estuvo activo hasta 1970, y fue el lugar de nacimiento de compañías como Antar and Schlumberger Limited. Hasta el presente.

Mientras que el continente asiático en torno al 900 A.C., se tiene constancia de la *utilización de gas en China*. Es precisamente en este país donde se realiza el primer pozo conocido de gas natural de más de 100 metros de profundidad, mediante un sistema rudimentario de cañas de bambú y brocas de percusión. Se tiene evidencia que quemaban el gas para secar las rocas de sal que encontraban entre las capas de caliza. En el siglo VII en Japón también se descubrió la existencia de un pozo de gas.

En Europa no se conoció el gas hasta su descubrimiento en Inglaterra en 1659, aunque no se masificó su utilización. La primera utilización de gas natural en Norteamérica se realizó desde un pozo en el estado de Nueva York, en 1821, se trataba de un pozo poco profundo y el gas era distribuido a los consumidores a través de una cañería de plomo de pequeño diámetro, para cocinar e iluminarse. Durante el siglo XIX, el uso del gas natural permaneció localizado porque no había forma de transportar grandes cantidades de gas a través de largas distancias, razón por la que el gas natural se mantuvo desplazado del desarrollo industrial por el carbón y el petróleo. Con el avance en el diseño de tuberías se consigue viabilizar el transporte de GN a largas distancias durante la primera mitad del siglo XX. Después de las Segunda Guerra Mundial se desarrollan mejores tuberías y gasoductos de mayor diámetro y longitud y en los años 70, se construye el gasoducto más grande desde Rusia hasta Europa Oriental con casi 6.000 km de longitud.
Alrededor de 1920 es cuando se desarrollan las primeras técnicas de licuefacción de gases del aire se produce la gran revolución para el transporte y la comercialización del GN. Inicialmente el GN se licuaba para la obtención del helio asociado en su composición y era regasificado después para su introducción en el gasoducto y su distribución, con el desarrollo de tecnologías criogénicas se abrió un nuevo mundo para su transporte (1 m3 de GNL equivalen a 580 m3 de GN) por su gran concentración de volumen en estado líquido.

Un nuevo modelo de planificación Ambiental.

Un nuevo modelo de planificación Ambiental.

3 EXPLORACIÓN Y EXPLOTACIÓN

La existencia de una concentración de mineral, elemento o roca con suficiente valor económico como para sostener la explotación ha de cumplir un proceso de prefactibilidad

Después de que un depósito ha sido descubierto, explorado, delineado y evaluado, el siguiente paso será la selección del método de minado que física, económica y ambientalmente se adapte para la recuperación del mineral comercialmente valioso. Desde el punto de vista económico, el mejor método de explotación deberá ser aquel que proporcione la mayor tasa de retorno en la inversión.

Para garantizar este retorno los rasgos y características de los depósitos minerales juegan un papel fundamental. De esto dependerán las

Un nuevo modelo de planificación Ambiental.

condiciones que determinen el método de minado más adecuado. Desde el punto de vista de la ingeniería geológica estructural, las siguientes características son de suma importancia en la selección de un método de explotación minera:

- El tamaño y la morfología del cuerpo mineral.
- El espesor y el tipo del escarpe superficial.
- La localización, rumbo y buzamiento del depósito.
- Las características físicas y resistencia del mineral.
- Las características físicas y resistencia de la roca encajonante.
- La presencia o ausencia de aguas subterráneas y sus condiciones hidráulicas relacionadas con el drenaje de las obras.
- Factores económicos involucrados con la operación, incluyendo la ley y tipo de mineral, costos comparativos de minado y ritmos de producción deseados.
- Factores ecológicos y ambientales tales como conservación del contorno geomorfológico original en el área de minado y prevención de substancias nocivas que contaminen las aguas o la atmósfera.

Adicionalmente, el método seleccionado deberá satisfacer condiciones de máxima seguridad y permitir un ritmo óptimo de extracción bajo las condiciones geológicas particulares del depósito. Los métodos de minado deben ser elaborados con base en la geología estructural y en la mecánica de rocas prevaleciendo el concepto fundamental de estabilidad en las obras.

En los últimos tiempos en los contratos de explotación se han agregado métodos para una recuperación de las áreas post explotación, eso lo conocemos como cierre de mina, donde los pasivos ambientales deben tener un tratamiento final ecológico visualmente estítico y con sentido innovador, sin embargo unos de las principales inconvenientes son los largos plazos de explotaciones y la poca fiscalización de los organismos gubernamentales para el seguimiento de las exigencias sostenibles del área económicamente rentable.

HERRAMIENTAS Y TÉCNICAS DE EXPLORACIÓN

La exploración y explotación minera y petrolera se basa en una serie de técnicas, unas instrumentales y otras empíricas, de costo muy diverso. Por ello, normalmente se aplican de forma sucesiva, solo en caso de que el valor

Un nuevo modelo de planificación Ambiental.

del producto sea suficiente para justificar su empleo, y solo si son necesarias para complementar las técnicas que ya se hayan utilizado hasta el momento.
Recopilación de información

Es una de las técnicas preliminares, de bajo costo, que puede llevarse a cabo en la propia oficina, si bien en algunos casos supone ciertos desplazamientos, para localizar la información en fuentes externas netamente documentales. Consiste básicamente en recopilar toda la información disponible sobre el tipo de yacimiento prospectado (características geológicas, volúmenes de reservas esperables, características geométricas), así como sobre la geología de la zona de estudio y de su historial minero (tipo de explotaciones mineras que han existido, volumen de producciones, causas del cierre de las explotaciones). Toda esta información nos debe permitir establecer el modelo concreto de yacimiento a prospectar y las condiciones bajo las que debe llevarse a cabo el proceso de prospección.

En esta fase resulta muy útil contar con el apoyo de mapas metalogenéticos que muestren no solo la localización (y tipología) de yacimientos, sino también las relaciones entre ellos y su entorno. En este sentido, resulta muy útil la representación gráfica en éstos de metalotectos o provincias metalogenéticas.

Teledetección

La utilización de la información de los satélites artificiales que orbitan nuestro planeta puede ser de gran interés en investigación minera. Sigue siendo una técnica de relativamente bajo costo (condicionado por el precio de la información a recabar de los organismos que controlan este tipo de información) y que se aplica desde gabinete, aunque también a menudo complementada con salidas al campo.

La información que ofrecen los satélites que resulta de utilidad geológico-minera se refiere a la reflectividad del terreno frente a la radiación solar: ésta incide sobre el terreno, en parte se absorbe, y en parte se refleja, en función de las características del terreno. Determinadas radiaciones producen las sensaciones apreciables por el ojo humano, pero hay otras zonas del espectro electromagnético, inapreciables para el ojo, que pueden ser recogidas y analizadas mediante sensores específicos. La Teledetección aprovecha precisamente estas bandas del espectro para identificar características del terreno que pueden reflejar datos de interés minero, como alteraciones, presencia de determinados minerales, variaciones de temperatura, humedad, entre otras.

Un nuevo modelo de planificación Ambiental.

Geología

El estudio en mayor o menor detalle de las características de una región siempre es necesario en cualquier estudio de ámbito minero, ya que cada tipo de yacimiento suele presentar unos condicionantes específicos que hay que conocer para poder llevar a cabo con mayores garantías de éxito nuestra exploración, así como otras que puedan emprenderse en el futuro. Es un estudio que se lleva a cabo durante las fases de pre exploración y exploración, ya que su costo aún suele ser bastante bajo. Tiene también un aspecto dual, en el sentido de que en parte puede hacerse en gabinete, a partir de los datos de la recopilación de información y de la teledetección, pero cuando necesita un cierto detalle, hay que complementarla con observaciones sobre el terreno.

Dentro del término genérico de geología se engloban muchos apartados distintos del trabajo de reconocimiento geológico de un área. La cartografía geológica (o elaboración de un mapa geológico de la misma) incluye el levantamiento estratigráfico (conocer la sucesión de materiales estratigráficos presentes en la zona), el estudio tectónico (identificación de las estructuras tectónicas, como fallas, pliegues, que afectan a los materiales de la zona), el estudio petrológico (correcta identificación de los distintos tipos de rocas), hidrogeológico (identificación de acuíferos y de sus caracteres más relevantes), etcétera. En cada caso tendrán mayor o menos importancia unos u otros, en función del control concreto que presente la mineralización investigada.

Geoquímica

La prospección geoquímica consiste en el análisis de muestras de sedimentos de arroyos o de suelos o de aguas, o incluso de plantas que puedan concentrar elementos químicos relacionados con una determinada mineralización. Tiene su base en que los elementos químicos que componen la corteza tienen una distribución general característica, que, aunque puede ser distinta para cada área diferente, se caracteriza por presentar un rango de valores definido por una distribución unimodal log-normal, En otras palabras, la concentración "normal" de ese elemento en las muestras de una región aparece como una campana de gauss en un gráfico semilogarítmico. Sin embargo, cuando hay alguna concentración anómala de un determinado elemento en la zona (que puede estar producida por la presencia de un yacimiento mineral de ese elemento), esta distribución se altera, dando origen por lo general a una distribución bimodal, que permite diferenciar las poblaciones normales (la existente en el

Un nuevo modelo de planificación Ambiental.

entorno de la mineralización) y anómala (que se situará precisamente sobre la mineralización).

Así, las distintas variantes de esta técnica (geoquímica de suelos, de arroyos, biogeoquímica) analizan muestras de cada uno de estos ambientes, siguiendo patrones ordenados, de forma que se consiga tener un análisis representativo de toda una región, con objeto de identificar la o las poblaciones anómalas que puedan existir en la misma, y diferenciarlas de posibles poblaciones anómalas que puedan ser una indicación de la existencia de mineralizaciones.

El costo de estas técnicas suele ser superior al de las de carácter geológico, ya que implican un equipo de varias personas para la toma y preparación de las muestras, y el costo de los análisis correspondientes. Por ello, se aplican cuando la geología ofrece ya información que permite sospechar con fundamento la presencia de yacimientos, y confirma o descarta un tipo de anomalía especifica.

Geofísica

Dentro de esta denominación genérica encontramos, asociados a la geología, toda una gama de técnicas muy diversas, tanto en costo como en aplicabilidad a cada caso concreto. La base es siempre la misma: intentar localizar rocas o minerales que presenten una propiedad física que contraste con la de los minerales o rocas englobantes. Igual que para localizar una aguja en un pajar un imán es una herramienta de gran utilidad, éste mismo imán no nos servirá de nada si lo que hemos perdido entre la paja es una mina de lapicero de 0.5 mm.

Así, las diversas técnicas aplicables y su campo de aplicación pueden ser el siguiente:

Métodos eléctricos: Se basan en el estudio de la conductividad (o su inverso, la resistividad) del terreno, mediante dispositivos relativamente simples: un sistema de introducción de corriente al terreno, y otro de medida de la resistividad/conductividad. Se utilizan para identificar materiales de diferentes conductividades: por ejemplo, los sulfuros suelen ser muy conductores, al igual que el grafito. También se utilizan mucho para la investigación de agua, debido a que las rocas que contienen agua se hacen algo más conductoras que las que no la contienen, siempre y cuando el agua tenga una cierta salinidad que la haga a su vez conductora.

Un nuevo modelo de planificación Ambiental.

Métodos electromagnéticos: Tiene su base en el estudio de otras propiedades eléctricas o electromagnéticas del terreno. El más utilizado es el método de la Polarización Inducida, que consiste en mediar el efecto de la sobrecarga del terreno: se introduce una corriente eléctrica de alto voltaje en el terreno y al interrumpirse ésta se estudia cómo queda cargado el terreno, y cómo se produce el proceso de descarga eléctrica. Muy utilizado para prospección de sulfuros, ya que son los que presentan mayores cargas. Otras técnicas: polarización espontánea, métodos magnetotelúricos, etc.

Métodos magnéticos: Basados en la medida del campo magnético sobre el terreno. Este campo magnético como sabemos es función del campo magnético terrestre, pero puede verse afectado por las rocas existentes en un punto determinado, sobre todo si existen en la misma minerales ferromagnéticos, como la magnetita o la pirrotina. Estos minerales producen una alteración del campo magnético local que es detectable mediante los denominados magnetómetros.

Métodos gravimétricos: se basan en la medida del campo gravitatorio terrestre, que al igual que en el caso anterior, puede estar modificado de sus valores normales por la presencia de rocas específicas, en este caso de densidad distinta a la normal. El gravímetro es el instrumento que se emplea para detectar estas variaciones, que por su pequeña entidad y por la influencia que presentan las variaciones topográficas requieren correcciones muy detalladas y, por tanto, también muy costosas. Esta técnica ha sido utilizada con gran efectividad en la detección de cuerpos de sulfuros masivos en la Faja Pirítica Ibérica.

Métodos radiométricos: se basan en la detección de radioactividad emitida por el terreno, y se utilizan fundamentalmente para la prospección de yacimientos de uranio, aunque excepcionalmente se pueden utilizar como método indirecto para otros elementos o rocas. Esta radioactividad emitida por el terreno se puede medir o bien sobre el propio terreno, o bien desde el aire, desde aviones o helicópteros. Los instrumentos de medida más usuales son básicamente de dos tipos: Escintilómetros (también llamados contadores de centelleo) o contadores Geiger. No obstante, estos instrumentos solo miden radioactividad total, sin discriminar la longitud de onda de la radiación emitida. Más útiles son los sensores capaces de discriminar las distintas longitudes de onda, porque éstas son características de cada elemento, lo que permite discriminar el elemento causante de la radioactividad.

Sísmica: La transmisión de las ondas sísmicas por el terreno está sujeta a una serie de postulados en los que intervienen parámetros

Un nuevo modelo de planificación Ambiental.

relacionados con la naturaleza de las rocas que atraviesan. De esta forma, si causamos pequeños movimientos sísmicos, mediante explosiones o caída de objetos pesados y analizamos la distribución de las ondas sísmicas hasta puntos de medida estratégicamente situados, al igual que se hace con las ondas sonoras en las ecografías, podemos establecer conclusiones sobre la naturaleza de las rocas del subsuelo. Se diferencian dos grandes técnicas diferentes: la sísmica de reflexión y la de refracción, que analizan cada uno de estos aspectos de la transmisión de las ondas sísmicas. Es una de las técnicas más caras, por lo que solo se utiliza para investigación de recursos de alto costo, como el petróleo.

La geología dispone de toda una gama de herramientas distintas de gran utilidad, pero que hay que saber aplicar a cada caso concreto en función de dos parámetros: su costo, que debe ser proporcional al valor del objeto de la exploración, y la viabilidad técnica, que debe considerarse a la luz del análisis preliminar de las características físicas de este mismo objeto.

Calicatas

A menudo, tras la aplicación de las técnicas anteriores seguimos teniendo dudas razonadas sobre si lo que estamos investigando es o no algo con interés minero. Por ejemplo, podemos tener una anomalía geoquímica de plomo y una anomalía de geofísica eléctrica, pero ¿será una mineralización de galena o una tubería antigua enterrada? En estos casos, para verificar a bajo costo nuestras interpretaciones sobre alineaciones de posible interés minero se pueden hacer zanjas en el terreno mediante pala retroexcavadora, que permitan visualizar las rocas situadas justo debajo del suelo analizado o reconocido. Además, estas calicatas permitirán obtener muestras más representativas de lo que exista en el subsuelo, aunque no hay que olvidar que por su pequeña profundidad de trabajo (1-3 metros, a lo sumo) siguen sin ser comparables a lo que pueda existir por debajo del nivel de alteración meteórica, dado que, como vimos en el apartado correspondiente, precisamente las mineralizaciones suelen favorecer la alteración supergénica.

Sondeos mecánicos

Los sondeos son una herramienta vital la investigación minera, que nos permite confirmar o desmentir nuestras interpretaciones, ya que esta técnica permite obtener muestras del subsuelo a profundidades variables. Su principal problema deriva de su representatividad, pues no hay que olvidar

Un nuevo modelo de planificación Ambiental.

que estas muestras constituyen, en el mejor de los casos (sondeos con recuperación de núcleo continuo) un cilindro de roca de algunos centímetros de diámetro, que puede no haberse recuperado completamente (ha podido haber pérdidas durante la perforación o la extracción), y que puede haber cortado la mineralización en un punto excepcionalmente pobre o excepcionalmente rico. No obstante, son la información más valiosa de que se dispone sobre la mineralización mientras no se llegue hasta ella mediante labores mineras.

Los sondeos mecánicos son un mundo muy complejo, en el que existe toda una gama de posibilidades, tanto en cuanto al método de perforación (percusión, rotación, rotopercusión), como en lo que se refiere al diámetro de trabajo (desde diámetros métricos a milimétricos), en cuanto al rango de profundidades alcanzables (que puede llegar a ser de miles de metros en los sondeos petrolíferos), en cuanto al sistema de extracción del material cortado (recuperación de testigo continuo, arrastre por el agua de perforación, o por aire comprimido). Todo ello hace que la realización de sondeos mecánicos sea una etapa especialmente importante dentro del proceso de investigación minera, y requiera la toma de decisiones más detallada y problemática.

Después de tomar los datos, en cualquiera de los métodos disponibles, el proceso de exploración minera debe ser interpretado, de forma que cada decisión que se tome de seguir o no con las etapas siguientes esté fundamentada en unos datos que apoyan o no a nuestra interpretación preliminar.
De esta forma, cada etapa de la investigación que desarrollamos debe ir encaminada precisamente a apoyar o desmentir las interpretaciones preliminares, mediante nuevos datos que supongan una mejora de la interpretación, pero sin buscar sistemáticamente la confirmación a toda costa de nuestra idea, en algunas ocasiones las malas interpretaciones, malas praxis o posiciones muy subjetivas pueden ser muy costosa para la compañía, aunque sin ella a menudo no habría investigación minera, recordando que la mayoría de los geólogos somos antagonistas de naturaleza.

En definitiva, la interpretación de los resultados debe ser muy detallada, y debe buscar las coincidencias que supongan un apoyo a nuestras ideas, pero también las no coincidencias, que debe analizarse de forma especialmente cuidadosa, buscando la o las explicaciones alternativas que puedan suponer la confirmación o el desmentido de nuestras interpretaciones, sin olvidar que al final los sondeos confirmarán o no éstas de forma casi definitiva.

Un nuevo modelo de planificación Ambiental.

En la actualidad se identifican cuatro principios básicos de **explotación minera o petrolera**:

1. *Superficial o de cielo abierto*

Empleada para la extracción de minerales metálicos y no metálicos de cuerpos minerales localizados a profundidades menores de 160m (500 pies aprox.)

- Minado de placeres. Concentración de minerales pesados a partir de materiales detríticos.

    - Bateas y canalones
    - Minado hidráulico
    - Dragado

- Minado a Tajo abierto (cielo abierto). Cualquier tipo de depósito de mineral en cualquier tipo de roca, localizado en la superficie del terreno o cercano a él.

    - Banco individual
    - Bancos múltiples
    - Descapote de mantos
    - Explotación de canteras

- Glory Hole. Excavación a cielo abierto a partir del cual el mineral es removido por gravedad a través de uno o más contrapozos a niveles de acarreo subterráneo.

2. *Minado Subterráneo.*

Explotación de recursos mineros que se desarrolla por debajo de la superficie del terreno. Para la selección de este método se deben de considerar varios factores como resistencia del mineral y de la roca encajonante, tamaño, forma, profundidad, ángulo de buzamiento y posición del depósito; continuidad de la mineralización, entre otras características geológicas especificas en el área de interés.

- Rebajes naturalmente soportados. Excavaciones en las cuales las cargas ejercidas por la roca sobre la abertura son soportadas por las paredes o pilares labrados de la misma roca.

Un nuevo modelo de planificación Ambiental.

- ✓ Rebajes abiertos
- ✓ Salones y pilares
- ✓ Tumbe por subniveles
- ✓ Tumbe sobre carga
- ✓ Rebajes abiertos con trancas horizontales

- Rebajes artificialmente soportados. Obra en la cual una parte significativa de la carga o del peso de la roca circundante, es sostenida por algún soporte artificial (puntales, marcos, rellenos, etc.).

- ✓ Corte y relleno
- ✓ Cuadros conjugados
- ✓ Frentes largas
- ✓ Frentes cortas
- ✓ Rebanadas descendentes

- Rebajes de hundimiento. Aplicables a depósitos de minerales de tipo masivo con grandes desarrollos horizontales susceptible de colapsarse para seguir el hundimiento del mineral conforme sea removido y extraído.

- ✓ Hundimiento de subniveles
- ✓ Hundimiento de bloques y paneles

3. *Métodos Especiales*

Los métodos indirectos son una serie de sistemas que emplean técnicas de disolución de los valores contenidos en el yacimiento, no es necesario penetrar físicamente en el yacimiento para la extracción.

- ✓ Proceso Frasch
- ✓ Disolución con agua caliente
- ✓ Lixiviación

Será importante considerar en la decisión de explotar una mina por métodos subterráneos o superficiales las actividades de barrenación, voladura, cargado y transporte de material rocoso objeto de la explotación, incluyendo la trituración del mineral. También se deberá tomar en cuenta las pérdidas en recuperación de mineral ya que son mayores en el minado subterráneo que en el superficial, afectando la vida productiva de una mina.

Un nuevo modelo de planificación Ambiental.

4. Pozos de Perforación

Hoy en día la perforación rotatoria es la más usada en **pozos petroleros**. Este método emplea tubos cilíndricos de acero acoplados a un tambor o mesa rotatoria, mediante la cual se les imprime una rápida rotación, mezclada con peso y presión de los fluidos de perforación logran un avance a grandes profundidades, en algunos casos las dificultades operacionales se hacen presente, y se deben aplicar distintas técnicas especializadas a la perforación.

Para lograr un avance en la perforación debe haber previamente un estudio de presiones de formaciones, zonas geológicas, tipo de rocas, ambientes, análisis nodal, entre otras cosas.

Un pozo, cuando ha sido perforado y entubado hasta llegar a la zona con petróleo, está listo para empezar a producir. Si la presión natural del gas es alta, el petróleo es impulsado velozmente desde el fondo y sube por la tubería.

Después del proceso de perforación ocurre el sistema de completamiento, y una serie de herramientas para mover el gas o petrolero desde su sitio original hasta la superficie, este movimiento requiere de un análisis, por toda la perdida de precesiones de la formación o la fricción que se genera de manera interna por los distintos materiales.

Con el objeto de regular, sin pérdida, la salida del petróleo por la boca de los pozos, se ha creado un sistema de válvulas denominado «árbol de navidad». Sin embargo, en muchos yacimientos, deben tomarse medidas adicionales para que el pozo sea puesto o se mantenga en producción, bajando hasta el fondo una tubería de producción de diámetro relativamente pequeño (entre cinco y diez centímetros) para controlar la salida de petróleo o de gas.

Cuando la presión del pozo no es suficiente para que el petróleo suba hasta la superficie, se emplean además los sistemas de producción y de levantamiento artificial. Entre estos, el más común es el bombeo mecánico, fácilmente reconocible en superficie por la presencia de la unidad de bombeo. También existen otros sistemas de bombeo, como el electrocentrífugo, el neumático (gas lift) e hidráulico.

Las aguas subterráneas por lo general causan grandes retos en la industria petrolera, sin embargo, también contribuyen a expulsar el petróleo hacia la superficie, pero es común que la presión para empujar el petróleo hacia el

Un nuevo modelo de planificación Ambiental.

pozo disminuya gradualmente y la producción baje hasta el extremo de que el pozo no produzca más, quedando en el subsuelo apreciables cantidades de petróleo sin recuperarse. En estos casos se ayuda a recuperar más petróleo por medio de inyección de gas, de agua o de otros fluidos dentro del yacimiento.

Desde el pozo se transporta el petróleo, por medio de tuberías, y herramientas especiales, en los que se separa el gas y el agua. Desde los separadores, unas tuberías (gaseoductos) conducen el fluido a diferentes sitios para su empleo como combustible o para tratamiento posterior. Otra tubería (oleoductos) conducen el fluido a los tanques de almacenamiento desde donde se enviará a su destino, ya sea una refinería o un puerto de embarque.

Uno de los grandes despliegues del desarrollo de tecnología son las refinerías petroleras, el proceso de separaciones se efectúan en las torres de fraccionamiento o de destilación primaria. Existen varios procesos para el tratamiento del hidrocarburo, todos utilizan el calor como medio de separación al calentarlo. Así, a medida que sube la temperatura, los compuestos con menos átomos de carbono en sus moléculas (y que son gaseosos) se desprenden fácilmente; después los compuestos líquidos se vaporizan y también se separan, y así, sucesivamente, se obtienen las diferentes fracciones.

Para ello, primero se calienta el crudo a 400 °C para que entre vaporizado a la torre de destilación. Aquí los vapores suben a través de pisos o compartimentos que impiden el paso de los líquidos de un nivel a otro. Al ascender por los pisos los vapores se van enfriando.

Este enfriamiento da lugar a que en cada uno de los pisos se vayan condensando distintas fracciones, cada una de las cuales posee una temperatura específica de licuefacción.

Los primeros vapores que se licúan son los del gasoil pesado a 300 °C aproximadamente, después el gasoil ligero a 200 °C; a continuación, keroseno a 175 °C, la nafta y, por último, la gasolina y los gases combustibles que salen de la torre de fraccionamiento todavía en forma de vapor a 100 °C. Esta última fracción se envía a otra torre de destilación en donde se separan los gases de la gasolina.
Ahora bien, en esta torre de fraccionamiento se destila a la presión atmosférica, o sea, sin presión. Por lo tanto, sólo se pueden separar sin descomponerse los hidrocarburos que contienen de 1 a 20 átomos de carbono.

Un nuevo modelo de planificación Ambiental.

Para poder recuperar más combustibles de los residuos de la destilación primaria es necesario pasarlos por otra torre de fraccionamiento que trabaje a alto vacío, o sea a presiones inferiores a la atmosférica para evitar su descomposición térmica, ya que los hidrocarburos se destilarán a más baja temperatura.

En la torre de vacío se obtienen sólo dos fracciones, una de destilados y otra de residuos.
De acuerdo al tipo de crudo que se esté procesando, la primera fracción es la que contiene los hidrocarburos que constituyen los aceites lubricantes y las parafinas, y los residuos son los que tienen los asfaltos y el combustóleo pesado.

El cuadro 1 nos describe aproximadamente el número de átomos de carbono que contienen las diferentes fracciones antes mencionadas.

Cuadro 1. Mezcla de hidrocarburos obtenidos de la destilación fraccionada del petróleo

fracción	núm. de átomos de C por molécula
gas incondensable	$C_1 - C_2$
gas licuado (LP)	$C_3 - C_4$
gasolina	$C_5 - C_9$
kerosina	$C_{10} - C_{14}$
gasóleo	$C_{15} - C_{23}$
lubricantes y parafinas	$C_{20} - C_{35}$
combustóleo pesado	$C_{25} - C_{35}$
asfaltos	$> C_{39}$

De los gases incondensables el metano es el hidrocarburo más ligero, pues contiene sólo un átomo de carbono y cuatro de hidrógeno. El que sigue es el etano, que está compuesto por dos de carbono y seis de hidrógeno.

El primero es el principal componente del gas natural. Se suele vender como combustible en las ciudades, en donde se cuenta con una red de tuberías especiales para su distribución. Este combustible contiene cantidades significativas de etano.

El gas LP es el combustible que se distribuye en cilindros y tanques estacionarios para casas y edificios. Este gas está formado por

Un nuevo modelo de planificación Ambiental.

hidrocarburos de tres y cuatro átomos de carbono denominados propano y butano respectivamente.
La siguiente fracción está constituida por la gasolina virgen, que se compone de hidrocarburos de cuatro a nueve átomos de carbono, la mayoría de cuyas moléculas están distribuidas en forma lineal, mientras que otras forman ciclos de cinco y seis átomos de carbono. A este tipo de compuestos se les llama parafínicos y ciclos parafínicos respectivamente.

La fracción que contiene de 10 a 14 átomos de carbono tiene una temperatura de ebullición de 174 a 288 °C, que corresponde a la fracción denominada keroseno, de la cual se extrae el combustible de los aviones de turbina llamado turbosina.

La última fracción que se destila de la torre primaria es el gasóleo, que tiene un intervalo de ebullición de 250 a 310 °C y contiene de 15 a 18 átomos de carbono. De aquí se obtiene el combustible llamado Diesel, que, como ya dijimos, sirve para los vehículos que usan motores Diesel como los tractores, locomotoras, camiones, tráiler y barcos.

De los destilados obtenidos al vacío, aquellos que por sus características no se destinen a lubricantes se usarán como materia prima para convertirlos en combustibles ligeros como el gas licuado, la gasolina de alto octano, el Diesel, keroseno y el gasoil.

El residuo de vacío contiene la fracción de los combustóleos pesados que se usan en las calderas de las termoeléctricas.

Casi el total de cada barril de petróleo que se procesa en las refinerías se destina a la fabricación de combustibles. La cantidad de gasolina virgen obtenida depende del tipo de petróleo crudo (pesado o ligero), ya que en cada caso el porcentaje de esta fracción es variable.

Como dijimos al principio, la gasolina es el combustible que tiene mayor demanda; por lo tanto, la cantidad de gasolina natural que se obtiene de cada barril siempre es insuficiente, aun cuando se destilen crudos ligeros, que llegan a tener hasta 30% de este producto. Además, las características de esta gasolina no llenan las especificaciones de octanaje necesarias para los motores de los automóviles.
Para resolver estos problemas los científicos han desarrollado una serie de procesos para producir más y mejores gasolinas a partir de otras fracciones del petróleo.

Un nuevo modelo de planificación Ambiental.

Pero estas soluciones deben acompañadas con una solución *verde*, es cierto que debemos buscar de hacer eficiente el consumo del producto final, que nos ayudara a valorar y dilatar la explotación de los recursos naturales, por ende, tendremos más productos por más tiempo, relación consumo – vida útil.

Estas soluciones deben venir acompañadas con propuestas direccionadas en una recuperación ambiental y mejoramiento de la calidad de vida de la mayoría de las sociedades, lo que nos lleva un análisis profundo de nuestra utilidad y un sincretismo de parte de los países del hemisferio, solo aplicando las leyes que ya están establecidas, tan solo es aplicarlas y fiscalizarlas separando la cultura corrupta que nos embarga.

Si logramos una conciencia sostenible aseguraremos la casa de las generaciones futuras, les dejo el reto Millennials.

Un nuevo modelo de planificación Ambiental.

4 EL ROL DE LA INVESTIGACIÓN EN EXPLORACIÓN Y EXPLOTACIÓN EN LAS

Un nuevo modelo de planificación Ambiental.

INDUSTRIAS; MINERÍAS Y PETROLERAS

Las industrias mineras y petroleras son actividades primordiales para el crecimiento de nuestras sociedades. Pero también tenemos sectores que están deseosos de desarrollar una tecnología verde como la metalmecánica, agricultura, ganadería, pesca, informática y comunicaciones, entre otros, demuestra la importancia de este sector para el crecimiento de nuestros países.

Es evidente que el mundo ha evolucionado y que los estándares en todo orden de cosas también lo han hecho. No cabe duda que los estándares medioambientales y de responsabilidad social imponen retos que tenemos y queremos enfrentar

La investigación científica y tecnológica, desde una perspectiva económica, se aprecia en la medida de su contribución al valor de productos y servicios. En esa lógica, el conocimiento se incorpora a los procesos productivos mediante varias operaciones:

1. **Transferencia tecnológica**
2. **Sistemas de producción**
3. **Comercialización**
4. **Mercadeo**
5. **Gestión empresarial**.

En tanto, los países más desarrollados establecen su competitividad articulando el sistema generador de conocimientos, el sistema productivo y los servicios.

La articulación da lugar a los **sistemas de innovación,** así como a un conjunto de relaciones sociales y económicas resumidas en la *sociedad del conocimiento*. Es así como se convierten en exportadores de materia prima e importadores de conocimiento, y nosotros nos convertimos en productores de materia no renovable y consumidores de conocimiento, pero con un desarrollo limitado.

4.1 MINERIA

Un nuevo modelo de planificación Ambiental.

DESARROLLO DE INVESTIGACIÓN Y APLICACIÓN DE INNOVACIÓN EN MINERÍA

Durante años se han realizado decenas de investigaciones acerca de los avances para un mejoramiento productivo. Asimismo, hemos remarcado los grandes beneficios que esta brinda para la sociedad, pero también estudiando sus resistencias por parte de las comunidades y de la población.

Es incomprensible que nuestra región aporte un gran porcentaje de producción mundial y grandes yacimientos geológicos económicamente rentables y carezcamos de cooperación para el desarrollo de tecnología para nuestro mayor beneficio, todavía en el nuevo milenio permanece el parcelamiento de los beneficios, y peor aún la falta de preocupación por resolver los pasivos ambientales.

Según la CEPAL (Comisión económica para América latina y el caribe) la región dispone de significativas reservas factibles (Grafico 1). Donde podemos indicar uno de los recursos con que contamos. Por ejemplo, las reservas del cobre se estima que ascienden a 2300 millones de toneladas en superficie terrestre y marina. Datos confirmados por prospección geológicas de la US geological survey, indican 40 % de esas toneladas en poder de Chile, también 30 % de las reservas de Bauxita, 41 % de níquel y 29 % de las reservas de plata. Se estimada que estas reservas pudiesen ser mucho mayores.

Perú es el país con mayor potencial minero en la región, en cuanto a proyección, seguido de Brasil, México, Argentina, Venezuela y Bolivia, estos países se encuentran en el blanco geológico de la región atrayendo mayor inversión e intereses internacionales. Lo que debe dar como resultado maximizar el desarrollo y uso de la tecnología para estimar nuestro potencial, que está en reservas comprobadas. Deberían traducirlas en beneficios sostenibles, y esto solo posible si aplicamos la conservación ambiental futuristas. La estimulación para realizar las investigaciones, desarrollo, aplicación e innovación se encuentra bajo nuestros pies.

Un nuevo modelo de planificación Ambiental.

Gráfico 1. América Latina y el Caribe, participación relevante en las reservas mundiales de los principales minerales
metálicos
Fuente: Comisión Económica para América Latina y el Caribe (CEPAL), sobre la

base USGS Mineral commodity summaries 2018

Las tasas de crecimiento desde la década de los noventa hasta la actualidad han estado por encima de la tasa de crecimiento de la producción mundial y en muchos casos estamos dentro de los 3 países más productores del planeta. (Cuadro 2)

Un nuevo modelo de planificación Ambiental.

Cuadro 2: Participación de los principales países Mineros de América latina en la producción anual

Pais	Participación en la producción mundial Año 2004
Argentina	12° productor de cobre mina
	14° productor de estaño refinado
	15° productor de plata mina
Bolivia	4° productor de estaño mina
	6° productor de estaño refinado
	11° productor de plata
	13° productor de zinc mina
Brasil	1er productor de hierro
	2° productor de bauxita
	6° productor de aluminio primario
	5° productor de estaño mina
	7° productor de estaño refinado
	10° productor de niquel mina
	14° productor de niquel refinado
	13° productor de oro
	14° productor de zinc mina
	14° productor de zinc refinado
Colombia	8° productor de niquel mina
	8° productor de niquel refinado
Cuba	6° productor de niquel mina
	10° productor de niquel refinado
Chile	1er productor de cobre mina
	1er productor de cobre refinado
	6° productor de plata
	15° productor de oro
Guyana	12° productor de bauxita
Jamaica	3° productor de bauxita
México	11° productor de cobre mina
	14° productor de cobre refinado
	12° productor de hierro
	1er productor de plata
	5° productor de plomo mina
	6° productor de plomo refinado
	7° productor de zinc mina
	8° productor de zinc refinado
Perú	3er productor de cobre mina
	9° productor de cobre refinado
	3° productor de estaño mina
	3° productor de estaño refinado
	7° productor de oro
	2° productor de plata
	4° productor de plomo mina
	12° productor de plomo refinado
	3er productor de zinc mina
República Dominicana	11° productor de niquel mina
	13° productor de niquel refinado
Suriname	10° productor de bauxita
Venezuela	8° productor de bauxita
	12° productor de aluminio primario
	10° productor de hierro
	14° productor de niquel mina

Fuente: World Bureau of metal Statistics, Banco Mundial y CEPAL.

Un nuevo modelo de planificación Ambiental.

Estos números nos da una posición privilegiada entre las mejores competitividades internacional en desarrollo, de tecnología y transferencia de conocimiento en el planeta, y nuestros esfuerzos nos llevan a entender la relación del beneficio en la imagen de nuestros países si tomamos en serio la explotación con responsabilidad ambiental.

Para esto tenemos algunos desafíos que vencer:

- Actividades de alto riesgo informales e ilegales (mercurio)
- Contaminación del agua, aire y suelo de los procesos de extracción, fundición y transporte.
- Competencia por el uso del agua (cuencas y reservorios)
- Destrucción de hábitat y zonas protegidas
- Superposición de zonas mineras sobre áreas de importancia para la biodiversidad
- Numerosos pasivos ambientales
- Escurrimiento superficial, la infiltración y el drenaje ácido.
- Arrastre de material particulado.
- Eventos extremos y estabilidad física de los depósitos de relaves.

Estos conflictos definitivamente nos dañan la imagen ante nuestros clientes, una muestra de lo mal que estamos los podemos ver en el Mapa 1, donde los compromisos medioambientales siguen presentes en la región y la pobreza de la gestión de residuos (Mapa 2) siguen pendientes.

Un nuevo modelo de planificación Ambiental.

Mapa 1: Extracción minerales y materiales de construcción

Fuente: Comisión Económica para América Latina y el Caribe (CEPAL), sobre la base Environmental Justice Atlas.

Mapa 2: Gestión de residuos

Un nuevo modelo de planificación Ambiental.

Fuente: Comisión Económica para América Latina y el Caribe (CEPAL), sobre la base Environmental Justice Atlas.

Tenemos el deber de sembrar una cultura a la investigación en los profesionales de los distintos sectores productivos, que debe venir de las aulas de clases interiorizados como parte de las cátedras ética y moral, ligando la eviterna cooperación de productividad – seguridad – responsabilidad social/ambiental.

Todo lo anterior, que podemos tomar como ejemplo, debe llevarnos a buscar alternativas que permitan reducir este impacto ambiental.

Romper los paradigmas de trabajo se puede hacer con el uso de nuevas tecnologías, fuentes de energía, conceptos en cada una de las etapas de operación y procesos productivos. De igual modo, crea nuevas soluciones o salidas novedosas que pueden fortalecer la industria en general.

Es así que apuntamos a ello. La investigación y desarrollo también permite ofrecer nuevos productos y servicios que solucionen nuevos problemas. Pero no solo eso, en su forma más esencial, la investigación científica es una herramienta que nos permite utilizar nuestra inteligencia para resolver problemas dando un *valor agregado* a la productividad.

4.2 PETROLEO

NECESIDADES DE INNOVACIÓN Y TECNOLOGÍA PARA LA INDUSTRIA DE PETRÓLEO Y GAS

La industria de petróleo y gas está experimentando un cambio hacia nuevas formas de exploración y producción de hidrocarburos en ambientes geológicos complejos y zonas socio-ambientalmente sensibles. Por su parte, el mundo exige cada vez más energía para sostener su crecimiento, por lo que la industria enfrenta el doble reto de reinventarse para cumplir con la demanda y hacerlo responsablemente en las dimensiones económica, social y ambiental.

Las operaciones tienen cada vez un mayor impacto social y se desarrollan en un límite muy fino entre la generación de riqueza y los efectos colaterales de migración hacia zonas anteriormente despobladas y con economías locales que se ven afectadas con las actividades petroleras.

Un nuevo modelo de planificación Ambiental.

Es necesario concertar las visiones de nuestra región en el contexto mundial del sector de petróleo y gas, así como de las principales necesidades y desafíos donde la innovación y la tecnología, en un ambiente colaborativo entre academia e industria nacional, pueden aportar, donde pareciera que estas dos están en un divorcio en tiempo y espacio.

Esta dicotomía representa un desafío al sector académico suramericano para incluir actividades de formación pragmáticas que preparen profesionales no solamente con excelencia técnica sino con mejores capacidades de relacionamiento, conciencia ambiental y comportamiento ético, con conocimiento de las oportunidades locales y con mayor capacidad de emprendimiento, que permitan llenar el vacío de empresas pequeñas de base tecnológica que en otros países contribuyen significativamente a la creación de nuevos productos y tecnologías que soportan al sector.

Aquí es donde la cooperación entre los países con mayor producción puede aprovechar de exportar sus genios y ampliar las proporciones de empleos haciendo equitativo e igualitario las oportunidades, así Suramérica se convertiría en un exportador de conocimiento entre los principales países productores de petróleo de la región, Venezuela, Brasil, México, Colombia, Ecuador, y Argentina. Las exigencias de la industria y el ritmo acelerada del planeta jamás pueden estar apartado de las aulas de clases, ese crecimiento de manera obligada debe involucrar profesores, investigadores, alumnos, representantes y directivos.

La revisión de nuestros planes de estudios debe ir a la misma velocidad de creación de tecnología y desarrollo de innovaciones. La necesidad de capital intensivo, el elevado nivel de riesgo y la dificultad en la realización de pruebas de campo podrían explicar esta situación, por lo tanto, se requiere cerrar brechas y acortar los ciclos para que las soluciones tecnológicas lleguen de manera más oportuna y eficaz, especialmente, a los campos de producción.

GRANDES DESAFÍOS DE LA INDUSTRIA DE PETRÓLEO Y GAS

Ante el agotamiento de los petróleos encontrados en yacimientos de fácil acceso, los recursos disponibles se concentran en hidrocarburos pesados, extrapesados y yacimientos no convencionales, donde se calculan grandes volúmenes, pero con significativos desafíos tecnológicos y económicos para

Un nuevo modelo de planificación Ambiental.

su producción (Labastie, After & Holditch, 2009). La industria se debe reinventar para poder cumplir con la demanda esperada.

La innovación y la tecnología tienen un gran impacto sobre la industria y la sociedad, haciendo que, en muchos casos, grandes empresas puedan ser creadas o desaparecer rápidamente por sus efectos. Cada desarrollo tecnológico logrado, así como los que se prevén para los próximos años (Manylka, Chui, Bughin, Dobbs, Bisson & Marrs, 2013), tienen un común denominador, la necesidad de energía, y por ahora es claro que los hidrocarburos fósiles como el carbón, petróleo y gas, seguirán siendo, al menos durante los próximos 30 años, la fuente principal para satisfacer la demanda de energía y movilidad del planeta.

De acuerdo con la agencia U.S Energy Information Administration (EIA), el consumo energético mundial aumentará un 56% entre el 2010 y el 2040, siendo los hidrocarburos fósiles la principal fuente con una participación cercana del 80% (International Energy Outlook – IEO, 2013).

También se destaca la proyección del aumento en la producción de petróleo de 87 hasta 115 millones de barriles por día en el 2040, principalmente para uso en los sectores de transporte e industria, así como el crecimiento en el consumo de gas natural, cuya producción adicional provendría del desarrollo de yacimientos no convencionales (tight gas, shale gas y metano asociado a mantos de carbón).

Todo indica que los hidrocarburos continuarán siendo la principal fuente de energía en nuestro planeta. En términos de oferta de hidrocarburos, el fenómeno más notable sigue siendo la revolución del gas y petróleo de esquisto estadounidense. En 2012, los EE.UU. registraron el mayor aumento de producción de petróleo y gas natural en el mundo, la cifra más elevada en la producción de petróleo de su historia (British Petroleum – BP, 2013).

Por su parte, dada su posición y las condiciones de deshielo que se registran como resultado del cambio climático, Rusia ha declarado su interés en explorar hidrocarburos en el Ártico, que por su magnitud vienen cambiando el escenario geopolítico mundial y alimentando potenciales conflictos internacionales (Andres, 2010). De acuerdo con la Administración de Información de Energía de EE. UU (EIA, 2014), alrededor del 22% de las reservas mundiales de hidrocarburos están en el Ártico, unos 412.000 millones de barriles de petróleo equivalente, de los cuales el 78% serían de gas natural. Para el Servicio Geológico de EE. UU,

Un nuevo modelo de planificación Ambiental.

la plataforma continental rusa del Ártico contiene más del 20% de los recursos mundiales no descubiertos de crudo y gas natural.

Este es uno de los grandes ejemplos donde la innovación tecnológica en la industria de petróleo y gas soporta al sector con los equipos y prácticas necesarias para incrementar continuamente la producción y proveer los combustibles y subproductos petroquímicos que la sociedad demanda, aun en los ambientes más inhóspitos.

La industria de petróleo y gas ha avanzado tecnológicamente para mejorar sus procesos. En los años de 1950 la industria se enfocaba en tecnologías para encontrar y producir petróleo en áreas con importantes manifestaciones de petróleo superficiales, procesando los crudos más livianos posibles en refinerías cuya operación era muy manual. En los años 1980 con el auge de la sísmica 3D, surgió la exploración en áreas de geología más compleja, el desarrollo de pozos horizontales y el apoyo de las tecnologías de la información; además, se diversificaron las dietas y productos de las refinerías, incluyendo el procesamiento de crudos medios, la mayor producción de diésel, y se reforzó el enfoque ambiental y de seguridad de procesos. Hoy, los retos tecnológicos se enfocan en aprovechar los recursos no convencionales, aumentar el recobro de los campos existentes, y en utilizar los recursos cada vez más potentes y portátiles de computación masiva y de tecnologías inalámbricas. Todos estos con un fuerte enfoque en seguridad de procesos, gestión ambiental y calidad de combustibles.

En el tema ambiental, hoy la humanidad utiliza el equivalente a 1,5 planetas para proporcionar los recursos que utiliza y absorber los desechos, eso significa que la Tierra tarda un año y seis meses para regenerar lo que se utiliza en un año. Escenarios moderados de la ONU sugieren que, si las tendencias demográficas y de consumo actuales continúan, para el 2030 necesitaremos el equivalente a dos planetas Tierra, y por supuesto, sólo hay uno (Global Footprint Network, 2014). Los desafíos ambientales permanecen como una gran fuente de investigación y desarrollo tecnológico si se desean hacer sostenibles todos los negocios y en particular el de petróleo y gas.

TECNOLOGIA EN UPSTREAM, MIDSTREAM Y DOWNSTREAM

Cuál sería la proyección para el cierre de las brechas tecnológicas y alineación con los desafíos mundiales actuales. Los principales retos

Un nuevo modelo de planificación Ambiental.

tecnológicos a través de toda la cadena de valor del negocio de Oil & Gas, en los que la academia e industria pueden aportar:

En el upstream (exploración y producción): reducción del riesgo geológico y mejoramiento de la imagen del subsuelo, incremento del factor de recobro y optimización costos de producción, gerenciamiento eficiente de agua, y prueba del potencial de yacimientos no convencionales.

*En el midstream (*transporte y almacenamiento*)* evacuación de crudos pesados, aseguramiento de la contabilidad e integridad de la infraestructura, y consolidación en el mercado de biocombustibles.

En el downstream (refinación y comercialización): valorización de crudos pesados, mejoramiento de calidad de combustibles, incremento de la producción de diésel, y disminución del rendimiento de Fuel Oíl. Para Tecnologías de la Información (TI) se busca información contable y segura en tiempo real a través de datos disponibles diariamente y de forma automatizada. Frente a estos desafíos se deben identificar tecnologías claves para fortalecer, incorporar y asegurar la longevidad, según las características demográficas de cada país. Podemos vislumbrar algunas.

Sísmica 3D y modelado de cuencas: permiten reducir la incertidumbre exploratoria, optimizar pozos de desarrollo y definir las áreas de potencial producción de hidrocarburos. Por su parte, el modelado de cuencas permite hacer una mejor predicción de las características de las rocas y del tipo de fluidos en el subsuelo para decidir en qué cuencas invertir con menor riesgo.

Métodos de recobro mejorado y tecnologías para optimización de costos de desarrollo: su impacto es el de viabilizar la producción de crudos pesados, aumentar el factor de recobro y reducir los costos de perforación en al menos.

Tecnologías para gerenciamiento de agua (control en fondo, superficial y ambiental): su impacto es reducir el agua en superficie entre 15% y 20% y viabilizar su valorización como recurso. Con su aplicación se disminuirían los vertimientos y se incrementaría la reinyección para recobro.

Tecnologías para maximización de contacto: viabilizarían las reservas de yacimientos no convencionales.

Dilución: Reductores de viscosidad y de fricción. El impacto viene dado por la reducción en el consumo de nafta con los respectivos ahorros en el transporte de diluyente por los ductos.

Un nuevo modelo de planificación Ambiental.

Tecnologías de gestión de riesgo en infraestructura: tecnologías que mitigan riesgos asociados a amenazas de fallas por movimientos de terreno y corrosión externa.

Cogeneración de energía y producción de biocombustibles: estas tecnologías aseguran suministro y eficiencia energética y consolidarán a la región en el mercado de biocombustibles.

Mejoramiento de crudos: Se tendría capacidad para aumentar la gravedad API de los crudos de 8 a 20 y disminuir importaciones de nafta.

Disminución de azufre: Se podrá contar con calidad de combustibles bajo Normas Euro 4 y Euro 5.

La capacidad actual para estas tecnologías es media-baja con respecto a los referentes mundiales (alta-media) y su incorporación se debe dar mediante una combinación de diferentes mecanismos, que incluyen compra de servicios tecnológicos, adaptación, investigación y desarrollo.

MITIGACIÓN DE GASES DE EFECTO INVERNADERO

Uno de los grandes pasivos que necesitamos resolver es la gestión de las emisiones de gases de efecto invernadero (GEI), se ha convertido en un tema de gran interés en las últimas décadas, debido a las cargas operacionales, económicas, ambientales y regulatorias que impactan y afectan la reputación y las relaciones con los grupos de interés de las empresas. Adicionalmente, existen políticas sectoriales, internacionales en torno a la producción limpia, a la no carbonización de la economía e impuestos sobre las emisiones de carbono. Por esta razón, las compañías en todo el mundo han comenzado a invertir en acciones destinadas a monitorear, controlar y/o reducir las emisiones de GEI (directas e indirectas), buscando identificar oportunidades de mitigación en la cadena completa de valor de sus negocios, al igual que para aquellas asociadas al uso de sus productos. Durante el 2012, las plantas de generación de energía se ubicaron en el sector con las más altas emisiones GEI, seguidas de la industria de petróleo y gas.

Es de vital importancia que las grandes empresas en la región, (PDVSA, Ecopetrol, Petrobras, Petroperú, PECU, PEMEX, Petroecuador) establezcan dentro de sus objetivos políticas empresarial para reducir las emisiones de gases de efecto invernadero dentro de la cadena de valor del

Un nuevo modelo de planificación Ambiental.

petróleo y gas, estableciendo metas de reducción de emisiones por área operativa: producción, transporte y refinación.

De acuerdo con la información suministrada por las empresas mencionadas, la principal fuente de emisión es la combustión, seguida por las emisiones indirectas que corresponden a electricidad y vapor, seguida por la quema en teas y finalmente emisiones por venteos en procesos, que hacen referencia a la liberación controlada de gas en los pozos de producción para facilitar el proceso de extracción de crudo o liberación de presión de acuerdo con las condiciones de operación.

Optimización de procesos: involucra la reducción de venteos; fugas de metano, compuestos de hidrocarburos de azufre; reducción y optimización de quemas

Diversificación energética baja en carbono: la diversificación energética se entiende como la utilización de diferentes fuentes de energía (renovables y no renovables), para cubrir las necesidades. Al sustituir fuentes energéticas con alta huella de carbono como carbón, crudo y diésel por fuentes bajas en carbono tales como gas natural, biocombustibles o electricidad proveniente de la red eléctrica nacional e incrementar la participación de dichas fuentes, se reducen las emisiones específicas; además, se promueve la seguridad energética a través de la flexibilidad y se incrementa la eficiencia energética de los procesos.

Captura, utilización y almacenamiento de carbón: alternativa de mitigación de grandes volúmenes de CO_2. Al hacer uso del CO_2 capturado en procesos de inyección para recobro mejorado, el proceso de mitigación resulta costo efectivo, al obtener un beneficio económico por comercializar el CO_2, y obtener mayor cantidad de barriles de crudo de pozos maduros que hayan decaído en su producción de petróleo y así evitar el CO_2 en el ambiente.

Las actividades petroleras se deben desarrollar bajo un criterio de prevención y manejo responsable de todos los impactos ambientales y sociales que genera. En primer lugar, se asegura el cumplimiento de las obligaciones legales sociales comprometidas con la autoridad ambiental, y en segundo lugar se gestionan otros impactos no previstos identificados en el desarrollo de las actividades, que le permitan a la comunidad sentirse más tranquila y segura.

Suelen darse fenómenos de deterioro de ecosistemas y del tejido social, por deforestación y contaminación, por desestimulo a la vocación productiva de la región y petrolización de la economía regional, por modificación de la dinámica de empleo, por aumento de la conflictividad y por alteración o extinción de culturas, entre otros. Además, en los últimos años, la

Un nuevo modelo de planificación Ambiental.

percepción de muchos pobladores hacia la industria petrolera se ha tornado cada vez más negativa, impidiendo actividades de búsqueda, extracción y producción de petróleo y gas, en aras de mantener el equilibrio socio-ambiental existente y no asumir los riesgos que conllevan estas operaciones.

En el mundo se vienen rechazando cada vez con más fuerza las operaciones de fracturamiento hidráulico (fracking) a las que se le atribuyen efectos nocivos en los acuíferos subterráneos, aumento de actividad sísmica, contaminación ambiental, entre otros, generando pasiones y debates ciudadanos a todos los niveles (Barrio & Pérez, 2009; Fractura no hidráulica, 2014). Por lo tanto, en obligatorio mitigar el impacto ambiental y social, con innovación y tecnología, generando programas eficientes y medibles para gestionar los impactos y lograr un nuevo equilibrio en las comunidades, donde también hace parte de los desafíos para la industria de petróleo y gas en asocio con la academia.

En cuanto a talento humano, tenemos un gran potencial, pero requiere un gran esfuerzo para que se articule y responda a las necesidades de la industria y de las comunidades. En el sector de petróleo y gas a nivel mundial, se viene dando un fenómeno de cambio generacional – Big Crew Change (Loh, 2013), en el que un alto porcentaje de profesionales mayores a 50 años y con gran experiencia (34%) ha empezado a jubilarse, seguido por un porcentaje pequeño de talento humano entre 36 y 50 años (8%), que con menor expertiza ha tenido que abordar proyectos altamente complejos, y que en muchos casos representan retrasos, aumento de riesgos, mayores costos de proyectos, entre otros (Schlumberger Business Consulting – SBC, 2012; Dupre, 2013).

Esta situación se originó a mediados de la década de 1980, en la época de bajos precios de crudo en los que la industria de petróleo y gas no era competitiva laboralmente y como consecuencia disminuyeron los estudiantes de ingeniería de petróleos, geología y otras carreras afines. Por lo tanto, otro de los retos que tiene la academia es ofrecer una cantidad suficiente de graduados en geociencias e ingeniería de petróleos que a través de una acelerada curva de aprendizaje, logre las competencias técnicas y humanas requeridas por la industria y puedan ser incorporados eficientemente por el sector, que por su parte ha tenido que diseñar estrategias de retención y de reclutamiento no tradicionales para asegurar la contratación del escaso talento humano especializado, con el menor impacto posible en la gestión normal de sus operaciones (Barna, 2010).

En el mismo sentido, las empresas deben ser cada vez más exigentes en temas de ética y comportamientos aceptados, que también deben ser reforzados desde la academia. Si bien es cierto que se requiere incrementar

Un nuevo modelo de planificación Ambiental.

reservas, aumentar el factor de recobro, optimizar costos, evacuar crudos pesados, mejorar la calidad de los combustibles, gestionar eficientemente proyectos, incorporar y desarrollar tecnologías de punta, lograr seguridad en los procesos, cuidar el medio ambiente, renovar cuadros generacionales, entre otros, en un sector donde el objetivo es maximizar el valor económico, los retos relacionados con conducta, principios y valores, pueden volverse los más importantes.

Un nuevo modelo de planificación Ambiental.

5 INVESTIGACION CIENTIFICA PARA IMPULSO DEL DESARROLLO HUMANO

La palabra investigación proviene de las voces latinas in, *vestigium, ire*, que significa ir tras la pista, y que puede ser explicada como una forma de mostrar la realidad para indagarla, cuestionarla o interpretarla. En la práctica, la investigación se concibe como un camino para conocer la realidad a través de un método o procedimiento reflexivo, sistemático, controlado y crítico, que permite la interpretación de los hechos y fenómenos, el establecimiento de las relaciones, la aplicación de las leyes, el planteamiento de los problemas, la búsqueda de soluciones, y la creación de las condiciones para los cambios y transformaciones

Los procesos y el rol de la investigación se inician desde el comienzo mismo de la vida del ser humano y se van desarrollando con mayor profundidad en las siguientes etapas. Sin embargo, con el transcurrir de tiempo el entorno social produce o genera lineamientos y encasillamientos de derroteros definidos que se nos van imponiendo sin permitir la curiosidad, la creatividad, la observación y la explotación propias que el ser humano por naturaleza posee, es decir, el don innato de la investigación.

Aquí es donde la globalización, en su buen sentido y debida aplicación, juega un papel importante en el desarrollo de las sociedades latinoamericanas en economía, cultura, ciencia, nivel académico, entre otros. Es claro que el desarrollo no solo va al crecimiento de producción como forma de renta económica, sino que debe quedar representada en la

Un nuevo modelo de planificación Ambiental.

intangibilidad de las sociedades. Ese conocimiento permanecerá como patrimonio innegable en nuestras generaciones.

Por esto, se requieren técnicos y administradores que vivan y apliquen los valores y principios morales, respetuosos en sus relaciones personales y corporativas, responsables en su vida cotidiana y laboral, transparentes e íntegros en su pensar y actuar. El talento humano debe ser de clase mundial, entusiasta, con pensamiento innovador, que actúe de manera anticipada para proteger la propia integridad, la de otros y la del medio ambiente, con criterio propositivo, disciplina y la capacidad de compartir conocimientos e información para aprender y crecer profesional y personalmente. El éxito del sector petrolero en las dimensiones económica, social y ambiental, requiere un ambiente colaborativo, con líderes y técnicos competentes, éticos y emprendedores, que aseguren la creación de valor y la prosperidad individual y de todos los grupos de interés (Porter & Kramer, 2011).

La relación entre la ciencia, tecnología y desarrollo e innovación siempre resulta compleja y más aún cuando se analiza en torno a las condiciones de los países en vías de desarrollo, en donde la ciencia y la tecnología no adquieren la importancia merecida en cuanto al apoyo económico se refiere, demostrando una enorme dicotomía entre la industria privada con las instituciones gubernamentales.

Siendo Suramérica una región dependiente de los recursos energéticos y minerales, hacemos pocos esfuerzos en la búsqueda de la solución en ahorro e innovación que coloque en el mercado soluciones a las diferentes industrias que necesitan nuestra materia prima, y que se direccionan en un crecimiento acelerado en su (PIB) Producto Interno Bruto (Grafico 2), dejándonos atrás en un crecimiento regional en dos vertientes claras:

- Generación de investigadores y sus incentivos,
- Falta de presupuesto y/o interés en las dentro de las instituciones educativas y organismo públicos o privados.

Donde la interconectividad regional tiene una vital importancia para crear una sociedad basada en el conocimiento, y un crecimiento de desarrollo humano.

Gráfico 2. Compromiso de los estados en la investigación y desarrollo en ciencia y tecnología

Un nuevo modelo de planificación Ambiental.

COMPROMISO DE LOS ESTADOS CON LA INVESTIGACIÓN Y DESARROLLO EN CIENCIA Y TECNOLOGÍA

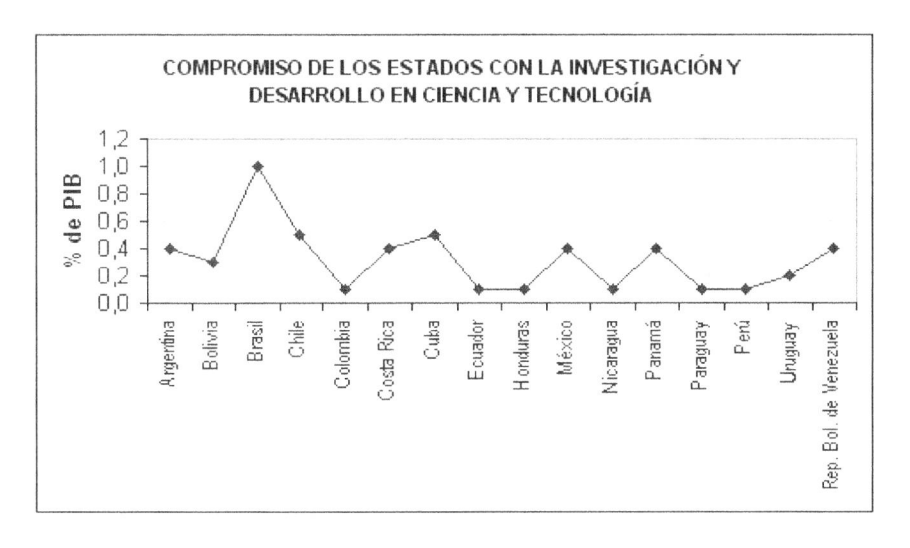

Fuente: Extraído de *Ciencia y tecnología en América Latina* Edición electrónica (2007).

La idea de asociar la tecnología verde a la ciencia, tecnología e innovación es para que, desde el pensamiento, el diseño, la producción que generen soluciones y beneficios sin consecuencias desagradables al planeta y por supuesto a la naturaleza y salud de la sociedad en general se haga con ahorros tangibles y longevos.

Con estos ahorros se pueden alcanzar un mantenimiento reducido, evitar fallas, aumentar la vida útil del producto, consumo más bajo de la energía y una eficiencia mejorada. El asunto clave estaría en la realización de esos beneficios, no solamente en la investigación básica, sino la transferencia de conocimiento del diseñador a la comunidad del usuario, respetando el derecho intelectual.

AHORRO ENERGÉTICO LATINOAMERICANO

Desafortunadamente en Latinoamérica, no han dedicado el tiempo suficiente, por diversos factores, o la atención que se merece el desarrollo de esta tecnología, salvo algunos casos puntuales. Sin embargo, Suramérica, debería ser la región que invirtiera más a la investigación, y desarrollo de esta tecnología, ya que es una región petrolera y minera por excelencia, esta condición debe tomarse como incentivo para crear nuevas soluciones energéticas y ambientales con carácter mundial.

Un nuevo modelo de planificación Ambiental.

En el enfoque suramericano, se debe preferir invertir en disciplinas que incidan específicamente en la calidad de vida de mañana y en las aspiraciones de desarrollo, tomando en cuenta el bienestar de la sociedad por encima del beneficio monetario, que sin duda alguna existirá.

Lo anterior implica, iniciar un plan de gastos desde el presente, haciendo frente paulatina y crecientemente al cumplimiento de las metas, enmarcadas en un Plan regional de Ciencia y Tecnología para el Desarrollo de las primeras tres décadas del siglo, en el caso de los Estados, y de un Plan de Objetivos Comunes en Ciencia y Tecnología para América Latina. En este último caso se deben agotar esfuerzos en integración y cooperación que permitan articular organismos comunitarios, en el mismo horizonte de tiempo. Para tal fin se debe aumentar el compromiso en la Investigación con relación al PIB, en la región, ya que hoy día no están equilibradas estas metas, tal como lo mostramos el grafico 2.

Existe un sesgo bien marcado con Brasil, México, Costa Rica, y Chile en la punta, con respecto a los países que conformamos el hemisferio sur, según el Índice Mundial de Innovación 2019, Elaborado por la Organización Mundial de la Propiedad Intelectual (OMPI) estos fueron las naciones latinoamericanas mejor posicionadas

Al respecto, algunos países han entendido que se puede evitar el maltrato a la energía, haciendo un uso adecuado y consciente de la tecnología existente en nuestros días, dándole importancia a la innovación continua a que haya lugar, con un crédito a la falta de temor a equivocarnos en el proceso de innovación, dándoles oportunidades de mejoramiento basadas en los resultados mostrados, eliminando los castigos por equivocaciones, siguiendo la filosofía de los pensadores de Silicon Valley, siendo conscientes que contamos con ingenio y creatividad, solo falta el compromiso socio-política-económico para su explotación.

Las cifras son concluyentes, los países con altos niveles de desarrollo también registran elevados niveles de gasto en investigación y desarrollo tecnológico tal como lo muestran los Grafico 2 y 3. El reto, entonces, se relaciona con la búsqueda de formas posibles y realistas para mejorar la situación en nuestros países.

Un nuevo modelo de planificación Ambiental.

Gráfico 3. Treinta primeros países en producción científica. 2018

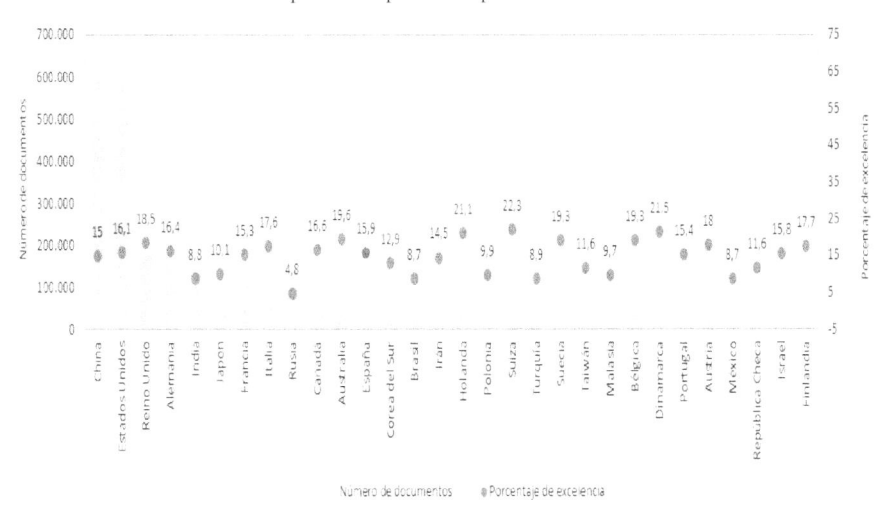

Número de documentos: Suma de artículos científicos, acta de congresos y revisiones anuales Tasa de excelencia: Indica qué porcentaje de las publicaciones científicas de un país o institución se incluyen en el conjunto del 10% de los artículos más citados de su área. (Texto extraído de FECYT Fundación Española para la ciencia y la tecnología)

Fuente: SciVal Scopus.

Gráfico 4. Gasto en I+D como porcentaje del PIB en el mundo. 2018

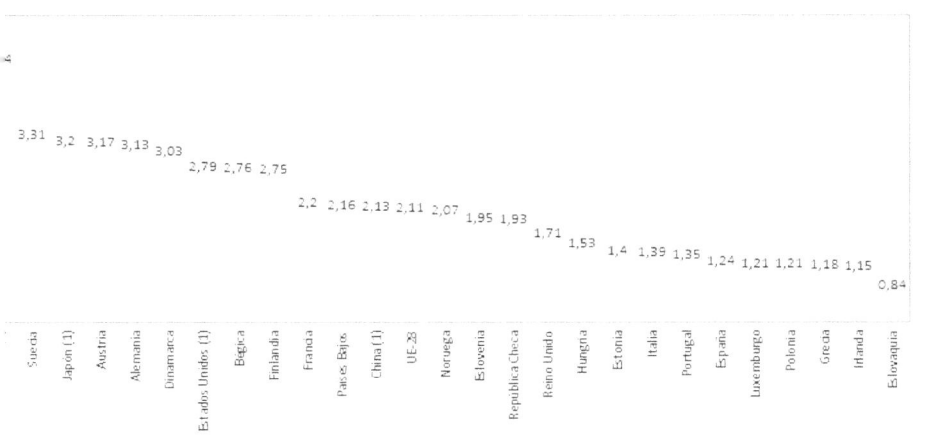

Fuente: INE, Eurostat y OCDE

Un nuevo modelo de planificación Ambiental.

Un nuevo modelo de planificación Ambiental.

6 UN NUEVO MODELO DE PLANIFICACIÓN

Es claro que las sociedades necesitan de un entorno urbano - industrial para su existencia, pero jamás nuestras mismas sociedades deben comprometer nuestro planeta. Aquí es donde es fundamental el uso de innovación y tecnología para generar grandes ahorros energéticos y por ende económicos, con un modelo ambiental equilibrado que se traduzcan en beneficios sociales.

Para este logro se requiere una planificación con función técnica (con sesgo positivista y racionalista), debe tener un enfoque socio-Ecológico para mitigar la brecha entre el rápido desarrollo tecnológico y económico, lo que debe apostar por la disminución de la entropía social del propio sistema. Esto establece la necesidad de un nuevo tipo de planificación: Sustentable o ambiental según unos, ecológica, espacial, estratégica, entre otros.

Un nuevo modelo de planificación Ambiental.

El nuevo modelo de planificación debe buscar acercar el conocimiento a la acción, es decir sin olvidarnos del futuro, hacer énfasis en los procesos actuales. Este nuevo modelo debe ser entonces "normativo, innovador, político, negociador y basado en el aprendizaje social". (Friedman, J. 1992).
Esta planificación Ambiental puede ser concebida como: "El instrumento dirigido a planear y programar el uso del territorio, las actividades productivas, la organización de los asentamientos humanos y el desarrollo de la sociedad, en congruencia con el potencial natural de la tierra, el aprovechamiento sustentable de los recursos naturales y humanos y la protección y calidad del medio ambiente". (Salinas, E. 1991, 1994, 1997 y 2005).

La planificación ambiental busca organizar las actividades socio económicas en el espacio, respetando sus funciones ecológicas de forma que se promueva la sustentabilidad ambiental y el desarrollo sustentable (Instituto Brasileiro do meio ambiente e dos recursos naturais renováveis - Ibama, 1995).

Esta concepción sistémica de la planificación ambiental plantea que no puede existir un equilibrio ecológico a largo plazo junto con situaciones socio-económicas críticas como son: la pobreza, la desnutrición, el analfabetismo, entre otros males sociales; así como no es posible un desarrollo socio-económico sin que este se adecue a la disponibilidad y renovación de los recursos naturales por un lado (el llamado capital natural por algunos autores) y al desarrollo de las fuerzas productivas por el otro.

Por otro lado, la incorporación de la sustentabilidad en el proceso productivo y social, depende de que alcancemos en el entorno del paisaje una eficiencia energética, utilicemos tecnologías más apropiadas, logremos la equidad social, el ajuste del crecimiento a los potenciales y recursos naturales disponibles y la adaptación y responsabilidad en la toma de decisiones. Además, debemos lograr un equilibrio en las características intrínsecas del paisaje como soporte Geo-ecológico y socio-cultural de la sustentabilidad. Esto permitirá alcanzar la concepción de paisaje sostenible visto como "un lugar donde las comunidades humanas, el uso de los recursos y la capacidad de carga se pueden mantener a perpetuidad" (Mateo J. 1997).
El reto es para las generaciones futuras, que, desde la Investigación y desarrollo y la Tecnología e Innovación, búsquenos los puntos de encuentros para mantener el equilibrio socio ambiental, donde las partes (Sociedades, Ecosistemas, planeta, seres vivos entre otros) mantengan la sinergia para su existencia y longevidad.

Un nuevo modelo de planificación Ambiental.

LA PLANIFICACIÓN AMBIENTAL ESTRATÉGICA

La necesidad de incorporar la dimensión ambiental, así como la participación ciudadana en los instrumentos de ordenamiento territorial y principalmente los de áreas urbanas, exige utilizar nuevas metodologías de planificación que promuevan un uso del territorio en forma sustentable, es decir conciliando los intereses económicos, sociales, políticos y ambientales tanto el corto como en largo plazo. En el ámbito de las evaluaciones ambientales el instrumento metodológico denominado Evaluación Ambiental Estratégica comienza a ser cada vez más aplicado de forma de complementar protección y calidad ambiental con desarrollo económico y social. Este enfoque facilita tener una visión de amplio espectro que permite evaluar de forma rápida los impactos de la planificación territorial en el marco global de los objetivos propuestos de calidad ambiental.

La planificación ambiental se configura como un proceso sincrónico y organizado de toma de decisiones en un espacio geográfico delimitado, que posee y procesa un conocimiento específico y significativo del territorio en los activos ambientales, los cuales son reales, dinámicos y cambiantes y que, ordenados y organizados, confluyen en dirección sistémica a la visión integral del objeto planificado. Sin embargo, el momento de la planificación y en especial de la dimensión ambiental territorial, es cuando se necesita transformar la información del conocimiento empírico ambiental del territorio, es por ello Debemos incorporar Elementos enmarcados en una línea base, que interactúe con tres elementos fundamentales:

Medio físico: Geología - Geomorfología - Hidrogeología - Hidrología - Edafología - Clima - áreas de riesgos naturales - Paisaje Medio Histórico y cultural - Monumentos nacionales - Patrimonio arquitectónico - Sitios arqueológicos - Patrimonio histórico.

Medio Ambiente: Biótico - Flora y vegetación - Fauna de vertebrados terrestres y acuáticos – Limnología.

Medio Social: Centros poblados - Demografía - Actividades económicas en Medio Construido - Uso del suelo - Equipamiento - Infraestructura y servicios - Infraestructura vial.

Todo estas variables son obligatorias para el ordenamiento de un territorio, la inclusión de la variable ambiental representa garantizar en el tiempo la cantidad y calidad de los recursos naturales renovables y no renovables, así

Un nuevo modelo de planificación Ambiental.

como de los servicios ambientales disponibles en el mismo y por ello, el tener un política ambiental se establece como un vector de sostenibilidad ambiental del territorio y dentro de ésta, la planificación ambiental coadyuva a las estrategias mismas del ordenamiento de un sistema deseado, lógico y flexible, es decir, un instrumento para orientar acciones y criterios en materia del manejo o del uso sostenible del territorio y de construcción de espacios, sujetos y territorios de manera simultánea (Vega L. , 2002; Wernes, 1995). En ese sentido, la planificación en el orden de la dimensión ambiental, plantea un conocimiento cualitativo y cuantitativo de la composición misma del ecosistema y una racionalidad, así como el uso eficiente de los recursos, en términos de las potencialidades, limitaciones y característica del medio como base del funcionamiento del sistema natural (Wernes, 1995), con lo cual se pueden tomar decisiones en forma colectiva de actores vinculantes sobre el ambiente para que no ocurran daños injustificables y exista un desarrollo sustentable global del territorio, en un marco referencial que establece lineamientos y medidas concretas de intervención (Leitmann J. , 1999; Millar D. , 2005; Sheila S. , 2004; Rivas, 2002).

T&I - I&D Y MEDIO AMBIENTE

Actualmente es imposible pensar en un mundo sin tecnologías de la información y de las comunicaciones (TIC). Su uso cada vez más generalizado ha cambiado la vida de mucha gente e impulsado el crecimiento económico, pero su contribución a las emisiones de gases de efecto invernadero (GEI) sigue creciendo. No obstante, el uso de las TIC brinda grandes oportunidades de reducir estas emisiones, sobre todo en industrias como las de generación de energía, eliminación de desechos, construcción y transporte. (Malcolm Johnson director de la Oficina de Normalización de las Telecomunicaciones de la Unión Internacional de Telecomunicaciones (UIT) 2011).

La preocupación por el medio ambiente no es una moda pasajera ni propia sólo de ecologistas. En la actualidad, el cuidado del planeta se ha convertido en un tema de especial relevancia tanto para los ciudadanos, las organizaciones civiles y los gobiernos. Donde América Latina y el Caribe no se queda atrás en esta tendencia mundial, y comienza a incorporar herramientas para luchar contra el cambio climático.

En el contexto de la globalización actual ninguna política industrial, comercial o de servicios, al igual que la social tendrá éxito si desconoce la necesidad de incorporar los principios del desarrollo sustentable como guías

Un nuevo modelo de planificación Ambiental.

del crecimiento económico. Atrás quedaron las épocas en las cuales se explotaban los recursos naturales y se producía al máximo sin considerar el impacto ambiental que se generaba. En estos tiempos es necesario, adoptar apropiados métodos de gestión del medio ambiente como respuesta a los drásticos cambios en los sistemas de producción de las industrias; de los canales de comercialización para los productos y en las redes de distribución de los servicios, igualmente la afectación que produciría cualquier inserción tecnológica en el colectivo social dentro del presente siglo y en venideros.

La T&I – D&I son esenciales para ayudar a nuestros países a adaptarse y prepararse al cambio climático es preciso tomar medidas para mitigar sus efectos y planificar para el futuro. Además de impartir educación e información mediante transmisiones, Internet y demás medios, cabe mencionar la importancia del monitoreo remoto de la Tierra por satélite y sensores en el suelo y los mares. Esto puede servir, por ejemplo, para extraer datos sobre deforestación o patrones de cultivos que indican una posible escasez de alimentos. Además, las TIC son vitales cuando se trata de advertir sobre desastres naturales que pueden sobrevenir como consecuencia del cambio climático, así como para hacer frente a sus efectos, al permitir que los equipos humanitarios respondan de distintas maneras.

La importancia que ha adquirido el tema del cambio climático en la región, así como la búsqueda de soluciones que puedan minimizar el impacto ambiental a través de las T&I – D&I es altamente relevante, puesto que América Latina y el Caribe enfrenta un peligro constante de eventos tales como inundaciones, huracanes o sequías como consecuencia de los cambios climáticos. Estudios recientes indican que las T&I – D&I puede ayudar a reducir las emisiones globales de gases de efecto invernadero aproximadamente en un 15% a partir del año 2020, a través de iniciativas tales como video conferencias, comercio electrónico, gobierno electrónico o edificios inteligentes, que surgieron por la necesidad de mantener el movimiento nuestras producciones, de cierto modo la pandemia ha colaboradora con el planeta, con mucho respeto a los familiares de los fallecidos, este sacrificio no debe pasar desapercibido.

Otra iniciativa relevante para reducir el impacto de la contaminación es la correcta gestión de los residuos electrónicos. La rápida aparición de nuevas tecnologías genera un alto número de desechos electrónicos, los cuales pueden ser reciclados y reutilizados, ya sea en su totalidad o parcialmente, lo que da un alivio a los yacimientos sobre explotados del planeta y mantiene los costos en la relación demanda – economía.

Un nuevo modelo de planificación Ambiental.

AMÉRICA LATINA Y EL CARIBE Y LAS TECNOLOGÍAS MEDIOAMBIENTALES

En América Latina aún prevalece las empresas que no han alcanzado integrar los criterios medioambientales con la estrategia competitiva, y prevalece la dicotomía entre políticas públicas y estrategias privadas, lo cual evidencia un retraso en materia tecnología medioambiental, a diferencia de las empresas europeas y norteamericanas que han superado el umbral entre la estrategia de producción con las acciones medioambientales, como mecanismo para la obtención de ventaja competitiva.

Sin embargo, es conveniente mencionar que el desarrollo y la operación exitosa de las empresas, requieren evaluaciones continuas de oportunidades, riesgos y tendencias. Estas evaluaciones eran concebidas anteriormente bajo criterios económicos, políticos y sociales, pero en la actualidad se hace hincapié como agente de éxito el medio ambiente, donde las empresas de la unión europeas y norteamericanas pueden ejercer una presión sostenida para el cierre de los futuros negocios.

No todo está perdido, existen planes de acción en la región donde es necesario sostener y endurecer, desde el punto de vista de la sostenibilidad, el enfoque para que, a través de políticas de gestión integral de residuos eléctricos y electrónicos, sobre la base de la relación positiva de los actores, desarrollando mecanismos para la coordinación entre los distintos sectores: público, privado, descentralizado y sociedad civil. De forma complementaria, el aprovechamiento científico y operativo de las T&I – D&I hace posible la comprensión científica y la detección de los fenómenos naturales que generan riesgos y desastres naturales. Por esta razón, estas tecnologías utilizarse para adoptar medidas preventivas y reactivas, y establecer sistemas de alerta temprana.

América Latina y el Caribe ya se están implementando diversas iniciativas tendientes para impulsar la integración y minimizar el impacto del cambio climático a través de las T&I – D&I, así como otras –la mayoría– que se enfocan en la gestión de los residuos electrónicos y su reciclaje. A continuación, se presentan algunas de las acciones llevadas a cabo por los países de la región en esta área.

Argentina

En respuesta a la problemática de los residuos tecnológicos, se realiza desde el 2008 en Argentina el *"Seminario de gestión sustentable de residuos de aparatos*

Un nuevo modelo de planificación Ambiental.

eléctricos y electrónicos", con el objetivo de abordar la problemática y fomentar un programa de gestión de residuos de aparatos eléctricos que promueva la recolección, selección, desmonte y valorización de piezas y materiales susceptibles de reutilización y reciclaje en nuevos procesos industriales, o su donación. Además, se ha desarrollado "Parques Nacionales y Escuelas Interactivas", un programa de equipamiento informático, conexión a internet satelital y capacitación presencial y virtual, con el objetivo de reducir la brecha digital en las comunidades involucradas, a la vez que promover la conservación del agua, la fauna y la flora y fomentar el desarrollo sustentable mediante la educación. El programa promueve la educación ambiental a través de las TIC, y además ha situado a las escuelas, al conectarlas a Internet, como epicentro de diversas actividades, tanto educativas como sociales, culturales y de recreación.

Brasil

En mayo del 2010, el ministerio del medio ambiente y la ONG Cempre de Brasil firmaron un acuerdo para la creación del primer inventario de producción, recolección y reciclaje de basura electrónica en el país. El objetivo del acuerdo es el de medir la generación y el destino de los residuos electrónicos en Brasil, así como ayudar a la generación de políticas públicas e identificar los principales cuellos de botella de la cadena de reciclaje. En el país hay además iniciativas de reciclaje electrónico, como la que lleva a cabo la Universidad de Sao Paulo, donde el año 2009 se abrió un centro de recuperación y procesamiento de residuos electrónicos. Por otra parte, el proyecto CI, de computadores para la inclusión, funciona desde 2004 con una red de reciclaje de equipos TIC descartados, los cuales son reacondicionados y luego donados a telecentros, escuelas y librerías en el país. Además, se realiza desde el 2004 la Feria Internacional de Tecnología de Medio Ambiente (FIEMA), bajo los auspicios –desde el 2007– de la Fundación PROAMB, organización con 20 años de experiencia en el área ambiental. Esta feria busca llevar un número creciente de empresas y organizaciones, nacionales e internacionales de orientadas a la producción tecnológica, soluciones y servicios enfocados en el medio ambiente y el desarrollo sostenible. En los distintos segmentos que participan en Fiema Brasil existen expositores que trabajan en introducir las TIC como solución para resolver los problemas ambientales, así como los de eliminación y reciclaje de equipos informáticos.

Estado Plurinacional de Bolivia

En el Estado Plurinacional de Bolivia, el Sistema de Información Ambiental (SIA), perteneciente a la Cámara Nacional de Industrias, posee información

Un nuevo modelo de planificación Ambiental.

medioambiental de Bolivia centralizada y computarizada en un solo sistema, con componentes alfanuméricos y cartográficos. Por otra parte, dentro del Vice ministerio de Telecomunicaciones se está elaborando la nueva Ley de Telecomunicaciones, que se basa en cinco ejes, uno de los cuales es el medio ambiente; por esta razón, se presta atención a los temas que involucran el correcto desecho de equipos electrónicos y de telecomunicaciones, a las emisiones electromagnéticas, el despliegue de radio bases u otras bases de comunicación dentro de áreas protegidas, así como a la elaboración de fichas ambientales para cada construcción civil correspondiente a telecomunicaciones, entre otros. En el país también ha habido estudios realizados por ONG, como la Fundación Swiss Contact o la Fundación Quipus, que diagnostican el posible impacto ambiental tanto de los aparatos electrónicos existentes en Bolivia como de los desechos que éstos generan; además, la fundación REDES representó a Bolivia en el grupo de trabajo de residuos electrónicos en el plan de acción regional para la sociedad de la información eLAC2010, hasta el establecimiento del nuevo eLAC2015. Por otra parte, algunas municipalidades han llevado a cabo iniciativas de recolección de basura electrónica desde mediados de la década del 2000.

Chile

Chilenter es una fundación chilena, que tiene como lema contribuir al uso social de la tecnología y que se constituye en un gestor ambientalmente sustentable, ya que incorpora en su quehacer los principales lineamientos recomendados a nivel internacional y nacional para la gestión de residuos electrónicos. En el país, Chilenter es el principal actor en el ámbito de la reutilización de la tecnología obsoleta, con capacidad para reacondicionar aproximadamente 15 mil computadores al año. El proceso de reacondicionamiento consiste en habilitar equipos dados de baja a través de procedimientos técnicos y administrativos exhaustivos, entre ellos el diagnóstico, la selección de partes y piezas, el ensamble de los computadores, la instalación y configuración del sistema operativo y el control de calidad de los equipos. Por su parte, el Comité para la Democratización de la Informática en Chile, CDI, a través de su campaña *"Dona tu computador"*, recolecta equipos que ya no están en uso para ser reacondicionados e instalados en escuelas y telecentros. Además, en Chile existe el portal web SINIA –Sistema Nacional de Información Ambiental–, administrado por el Ministerio del Medio Ambiente y conformado por un conjunto de bases de datos, equipos, programas y procedimientos dedicados a gestionar la información acerca del ambiente y los recursos naturales del país, de manera integrada e interpretable. A través de este

Un nuevo modelo de planificación Ambiental.

portal se puede acceder directamente a los distintos sistemas de información que actualmente se integran al SINIA.

Colombia

El año 2013 habrá en Colombia entre 80 y 140 mil toneladas de residuos electrónicos que corresponderán a computadores en desuso, según el MMSI. Es por esto que el Centro Nacional de Residuos Electrónicos (CENARE) de ese país trabaja para conseguir la reducción de esas cifras y a la vez fomentar las TIC en el aula. Así, a través de donaciones, el centro ha recibido 211 mil computadores, de los cuales 130 mil fueron donados a colegios y el resto se convirtió en residuos. Con éstos, *CENARE* trabaja además en el proyecto de robótica y automática educativa, que busca integrar a los niños de las escuelas públicas a la ciencia y tecnología al construir robots con elementos en desuso de los computadores desarmados. El programa de gestión de residuos tecnológicos de Colombia fue destacado por la UNESCO, que en un informe citó al país como un ejemplo de buenas prácticas en la materia. Además, desde el 2001 que en el país se aplica una exención tributaria para fomentar la incorporación de tecnologías que beneficien al medio ambiente y la salud, y periódicamente se realizan campañas de recolección de residuos electrónicos, particularmente teléfonos móviles y computadores.

Costa Rica

En respuesta a la acción que pueden tener las TIC sobre el ambiente se inició en Costa Rica el 2009 la construcción del *"Medidor de la Amistad de la TI con el Ambiente"*, desarrollado por el Centro de Sistemas de la Información de Scotiabank junto con el Club de Investigación Tecnológica de Costa Rica. Su objetivo es medir el impacto de las TIC en el ambiente y promover información comparable entre distintas organizaciones, de manera de generar un cambio en el comportamiento y reducir dicho impacto. El desarrollo de este medidor se basa en la idea de que es fundamental que las TIC utilizadas sean amigables con el ambiente, para mejorar la eficiencia de las organizaciones y la calidad de vida de todos. Además, existe la organización Costa Rica neutral, que en su página web permite a través de una sencilla calculadora virtual estimar la cantidad de emisiones de una casa, oficina o tienda. Por otra parte, la Comisión Nacional de Emergencia del país posee un sistema de comunicación para minimizar el impacto de desastres naturales a través de alerta temprana, que, a través de sistemas radiales, de Internet y satelitales mantiene a la comunidad y a la CNE misma alerta de las posibles amenazas naturales.

Un nuevo modelo de planificación Ambiental.

Asimismo, el Observatorio Vulcanológico y Sismológico de Costa Rica utiliza mensajes de texto para mantener a la comunidad informada.

Ecuador

De acuerdo a la información del MMSI, en Ecuador ha habido múltiples iniciativas de carácter privado, especialmente de las compañías de teléfonos móviles, que buscan reciclar los aparatos electrónicos. Además, la Superintendencia de Telecomunicaciones *(SUPERTEL)* ha recomendado establecer regulaciones para los aparatos inteligentes en términos de conversión de energías, tipo de enchufes usados y reutilización de los dispositivos; por otra parte, la SUPERTEL busca promover la integración de las tecnologías para la prestación de servicios y el desarrollo de reciclaje y la eliminación segura de los residuos tecnológicos. Desde finales de 2009, además, se viene desarrollando –a través de la empresa Vertmonde– una iniciativa de gestión integral y reciclaje de residuos eléctricos y electrónicos en Quito. Durante el 2011 se volverá a desarrollar esta iniciativa en la ciudad de Quito y Guayaquil en el primer semestre. Adicionalmente, se iniciará una campaña de reciclaje con la participación de toda la comunidad comercializadora de equipo tecnológico, en la que se recolectarán los residuos generados por mayoristas y su canal de distribución. Al final de 2011 se espera recolectar más del 90% de los residuos generados o acopiados por esta comunidad, así como contar con una línea base de la cantidad y tipo de residuos generados por este sector, con el fin de implementar el mismo modelo a nivel nacional.

Cuba

En la lucha contra el cambio climático y la necesidad de cuidar el medio ambiente es fundamental la información. Es por eso que, en Cuba, se ha centralizado en sitios web destinados a entregar datos sobre el medio ambiente, los cuales ofrecen estadísticas ambientales, publicaciones referentes al tema, links a sitios relacionados, indicadores de consumo de energía eléctrica en los ministerios e información sobre proyectos, entre otras cosas. Uno de ellos, el Portal de Educación Ambiental de Cuba, cuenta con el apoyo de la oficina regional de la UNESCO en ese país, y busca lograr la integración de resultados, propiciar una mayor divulgación de éstos y continuar incrementando y compartiendo experiencias exitosas en el ámbito medio ambiental.

Un nuevo modelo de planificación Ambiental.

Perú

Según el MMSI, en Lima existen tres compañías formales que recolectan desechos electrónicos; sin embargo, sólo procesan un 3% de las 15 mil toneladas de teléfonos celulares y computadores cuya vida útil acaba cada año en Perú. Por lo mismo, el Ministerio del Medio Ambiente ha decidido apoyar las campañas privadas -un proyecto conjunto de *IPES*, el Ministerio de Medioambiente y la municipalidad- y desde junio del 2010 se lleva a cabo un programa piloto en la municipalidad de Santiago de Surco, enfocada en apoyar las campañas de recolección de basura electrónica, el cual se quiere replicar en todo el país. Perú además cuenta con el *SINIA*, Sistema Nacional de Información Ambiental, una red que facilita la sistematización, acceso y distribución de la información ambiental, así como el uso e intercambio de ésta. A través de su web la población puede acceder a información compuesta por indicadores ambientales, mapas temáticos, documentos, informes sobre el estado del ambiente y legislación ambiental.

Uruguay

La implementación del plan **CEIBAL** en Uruguay –la experiencia de un computador por alumno– ha dado excelentes dividendos en materia de educación, pero presenta un desafío para el cuidado del medio ambiente. Es por esto que diversas iniciativas de reciclaje de basura electrónica se llevan a cabo en el país. Una de ellas es la que desarrolla el departamento logístico del Plan Ceibal, que trabaja con una compañía de servicios logísticos para enfrentarse a esta problemática. Entre otras cosas, el departamento analiza la cantidad de basura electrónica que es y será generada por el Plan Ceibal, con la intención de reutilizar las partes que puedan ser recicladas de los laptops entregados a los niños. De esta forma se quiere además minimizar las futuras compras de partes específicas de computadores que se requieran para reparar las llamadas *ceibalitas*. Existen además empresas como Crecoel –Cooperativa para el Reciclaje de Componentes Electrónicos–, un emprendimiento que busca el desmantelamiento y recuperación de materiales de equipos y componentes electrónicos. La cooperativa cobra por este servicio a las empresas y entidades públicas, pero no a quienes lleven menos de un metro cúbico de desechos.

República Bolivariana de Venezuela

Desde el año 2007, el gobierno venezolano ha implementado un plan de desarrollo social y económico, enfocado en profundizar políticas públicas específicas. Entre estas iniciativas está el rediseño del sistema nacional de ciencia, tecnología e innovación para apoyar a programas que utilicen a las

Un nuevo modelo de planificación Ambiental.

TIC para el medio ambiente, así como aquellos que ayuden a la educación en esta área. Además, en Venezuela se busca establecer sistemas de alerta nacional que utilicen a las TIC como herramienta de aviso, así como estaciones climáticas automatizadas que promuevan el intercambio de información crítica. Un problema que enfrenta Venezuela, resultado del cambio climático, es el deshielo de los glaciares de la Sierra Nevada, en Mérida. Para monitorear este fenómeno existe la Red bioclimática de Mérida, que utiliza un sistema de Información bioclimático basado en la web, que permite un fácil acceso a datos sin procesar de cada estación participante de la red, así como la posibilidad de envío de datos de estaciones tanto convencionales como automatizadas a un sitio central de acopio, utilizando una interfaz web. Además, entrega una herramienta de consulta de datos climáticos por estación, ubicación geográfica, período de tiempo, entre otras variables, y el acceso a datos procesados, como gráficos, mapas, tablas y animaciones

El Caribe

Una excelente iniciativa regional que involucra a los países del Caribe es la *Caribbean Information Platform on Renewable Energy, CIPORE* (Plataforma de información de energías renovables del Caribe), un sistema de información y comunicación sobre el uso regional de energía renovable, que tiene como objetivo reunir toda la información de cada país con respecto a estas energías en un punto único de acceso. La página web http://cipore.org tiene múltiples informaciones sobre el uso de energías renovables, las cuales se pueden filtrar además por tipo solar, geotermal, eólica, nuclear, hídrica y biomasa. En la página se pueden encontrar los enlaces a las agencias, ministerios de energía y universidades de cada país preocupadas de las energías renovables, así como encontrar información detallada de distintas iniciativas y proyectos de energías renovables en el Caribe. La página cuenta con información en inglés, francés, español y holandés.

PUNTOS PENDIENTES PARA INTEGRAR E INCLUIR

La estrategia de Ciencia y Tecnología se ha considerado fundamentalmente e importante para sentar las bases de una nueva articulación entre todos los sectores. Por tanto, el desarrollo científico y tecnológico debe orientarse a mejorar la situación socioeconómica existente, utilizando el potencial humano y los recursos naturales que se poseen con una visión de largo plazo e integral. En este proceso, es importante la intervención del Estado, en cuanto al manejo de políticas transparentes y bien explicitas que controlen y regulen el cumplimiento de las negociaciones que se vienen

Un nuevo modelo de planificación Ambiental.

materializando a través de los Tratados de Libre Comercio y todo lo que a ordenanza ambiental se refiere, a corto, mediano y largo plazo.

La gestión de estas prácticas implica la planeación estratégica de las compañías y la definición de sus necesidades, integrando al sector educativo en el análisis de I+D como generador de innovaciones en el mercado, de donde se deduce los conocimientos de punta, el acceso a herramientas tecnológicas, entre otros, a fin de obtener un equilibrio dinámico entre las demandas de la sociedad y la disponibilidad de dichos bienes ambientales.

En octubre del 2010 la Conferencia Plenipotenciaria de la UIT adoptó una nueva resolución para el rol de las T&I – D&I y la protección del medio ambiente, que identifica la necesidad de asistir a los países en desarrollo para que puedan aprovechar estas tecnologías a favor de la lucha contra el cambio climático. Posteriormente, en el Simposio del Cairo, y a partir de las discusiones ahí sostenidas, se creó la hoja de ruta con las siguientes de recomendaciones de uso de las tecnologías a favor del medio ambiente.

Paso 1: compartir las mejores prácticas y aumentar la sensibilidad sobre los beneficios asociados al uso de las tecnologías verdes.
Este paso busca estimular y, cuando es posible, estipular que haya un amplio intercambio de las mejores prácticas y de información para maximizar la difusión de las tecnologías verdes y de las soluciones tecnológicas inteligentes en los sectores públicos y privados. Busca además promover la enseñanza sobre las tecnologías verdes y aumentar la conciencia de las implicancias medio ambientales.

Paso 2: demostrar éxito y viabilidad.
Se quiere fomentar el desarrollo de metodologías e indicadores para medir y monitorizar los impactos ambientales en el ciclo de vida de servicios y dispositivos tecnológicos, incluyendo las mediciones relativas a las emisiones de gases de efecto invernadero. Además, este paso apunta a utilizar proyectos pilotos y emblemáticos para ayudar a difundir las soluciones inteligentes más promisorias en sectores tales como edificios, transporte y energía.

Paso 3: implicar al sector privado, la sociedad civil y la comunidad académica.
El documento plantea que estos sectores tienen un rol preponderante en la protección del medio ambiente a través de la innovación y el correcto uso de las tecnologías verdes para enfrentar el cambio climático. Por eso, busca entre otras cosas que se promueva la investigación y desarrollo (I+D) amigable con el ambiente y socialmente responsable.

Un nuevo modelo de planificación Ambiental.

Paso 4: promover la cooperación nacional, regional e internacional.
Cooperar en esos niveles es esencial para fomentar un camino hacia economías sustentables bajas en carbono, plantea este paso. Además, permitiría lograr mayor inversión verde y un manejo sustentable de los recursos naturales, así como el desarrollo y la difusión de tecnologías limpias. Busca además estimular a los países desarrollados a ayudar a las naciones en vías de desarrollo en sus esfuerzos para incluir y adoptar reformas políticas hacia un crecimiento más verde.

Paso 5: integrar las políticas, cambio climático, ambiente y energía de los gobiernos.
Este paso plantea la necesidad de cerrar la brecha entre el desarrollo tecnológico, el medio ambiente y los expertos en energía, así como los responsables políticos, para permitir la integración de las políticas de medio ambiente y energía. Por otra parte, busca integrar el uso de las tecnologías en la adaptación de los planes nacionales para hacer uso de ellas como una herramienta que permita hacer frente a los efectos del cambio climático y minimizar el impacto ambiental de la administración pública a través de políticas, aplicaciones y servicios. Finalmente, plantea el establecimiento de objetivos de política transparentes para mejorar las estrategias de gobierno, con un seguimiento y evaluación del cumplimiento de las mismas.

Paso 6: desarrollar e implementar una estrategia nacional de tecnología e innovación verde pro crecimiento.
Plantea que se debe tener una estrategia de ese estilo a nivel nacional, municipal y de comunidades, así como de organizaciones individuales. La estrategia verde tiene que ser vista como un componente de la estrategia de desarrollo nacional, y el utilizar las tecnologías en apoyo al manejo medio ambiental debe pasar por todos los sectores de la economía y niveles de la sociedad. El soporte técnico debe ser provisto a los países que lo requieran, en especial aquellos en vías de desarrollo, para ayudarlos a formular e implementar estrategias verdes.

Un nuevo modelo de planificación Ambiental.

Un nuevo modelo de planificación Ambiental.

CONCLUSIÓN

Estamos en el mejor momento de colocarnos a la altura de los países con un desarrollo constante, tanto en recurso humano con apoyo irrestricto a la imaginación, incluyendo los fracasos que están intrínsecos en las investigaciones, con un soporte competente y constante.

El trabajo científico nos permite establecer la comprensión y la explicación de causas, principios, procesos y leyes universales, con el fin de incrementar la relación entre el hombre y la naturaleza, independientemente del contexto político y social circundante, logrando con ello encontrar los satisfactores

Un nuevo modelo de planificación Ambiental.

de necesidades comunes a la mayoría de los seres humanos. El científico no crea nada en el sentido absoluto, ya que el Creador del Universo es el que colocó al hombre en un mundo lleno de maravillas que sencillamente había que descubrir y desarrollar para solucionar los problemas que poco a poco han ido apareciendo a través de la historia humana.

Por otro lado, la tecnología consiste en aplicar los conocimientos científicos y empíricos para solucionar los problemas actuales que se definen en función de las necesidades económicas, políticas o sociales de una sociedad o grupo en particular. Por lo tanto, podemos decir que el desarrollo tecnológico de un país no implica usar las tecnologías de los países desarrollados sino tratar de cubrir sus necesidades con sus propios recursos tanto humanos como materiales.

Para esto necesitamos concertar los entes públicos y entidades privadas con un esfuerzo conjunto para buscar el cierre de brechas, con una búsqueda legislativa donde tengamos beneficios comunes, donde se involucren incremento de nuestros PIB en I&D y I&T, construcción de laboratorios en nuestras universidades (Públicas y privadas), políticas empresariales con proyección futuristas, pensando en una patente atractiva para uso en todos los continentes.

El pago al presente esfuerzo colectivo será el de garantizarle a las futuras generaciones el poder de disfrutar de los beneficios que brindan el desarrollo de tecnologías y la aplicación de innovaciones para la mejora en todos los aspectos de la vida cotidiana.

Un nuevo modelo de planificación Ambiental.

REFERENCIAS

Bustillo Revuelta, M.; López Jimeno, C. (1996). *Recursos Minerales. Tipología, prospección, evaluación, explotación, mineralurgia, impacto ambiental.* Entorno Gráfico S.L. (Madrid).

Un nuevo modelo de planificación Ambiental.

CEPAL, *TIC y medio ambiente*. Newsletter. Marzo 2011

Friedmann, Jhon (1992) *"Empowerment: The Politics of Alternative Development"* Primera edicion (1990). Editora Blackwell Publishers. Dublin, Irlanda.

Girón, Alicia (coord.) (2014). *"Trilogía: Cómo sembrar el desarrollo en América latina, Colección de Libros Problemas del Desarrollo".* Instituto de Investigaciones Económicas-UNAM México.

Isabelle Barois, Silvia M. Contreras Ramos, Benito Hernández Castellanos, Martín de los Santos, Froylán Martínez y David R. García. *El suelo y el petróleo.* (2018). Instituto de Ecología A.C. D.F México

Miranda Vidal, Julio: (2007). *"Ciencia y tecnología en América"* Latina. Edición electrónica.

Moustafa Gadalla (2007) *La Cultura Revelada Del Antiguo Egipto*. Tehuti research Foundation. EEUU

Organización Mundial de la Propiedad Intelectual (OMPI): (2019) *Innovar para un futuro Verde.* Extraído de https://www.wipo.int/ip-outreach/es/ipday/. Suiza

Peñaloza Acosta, Mónica, Arévalo Cohén, Freddy, Daza Suárez Roberto; *Impacto de la gestión tecnológica en el medio ambiente*. Revista de Ciencias Sociales v.15 n.2 Maracaibo jun. 2009.

Salinas Chávez, Eduardo (2005). *"El Desarrollo Sustentable Desde la Ecología del Paisaje".* Extraído de http://www.gobernabilidad.cl/modules.php?name=News&file=article&sid=796.18 páginas. DF México.

Susana Chow Pangtay (1987) *Petroquímica y Sociedad. Fondo de cultura económica*, S. A. de C. V. D.F México.

REFERENCIAS WEB

https://www.english-heritage.org.uk/

Un nuevo modelo de planificación Ambiental.

https://ejatlas.org/

Un nuevo modelo de planificación Ambiental.

ACERCA DEL AUTOR

Alexis José López Delgado (1978). Desarrolló un particular interés por la investigación geo-científica influenciado por la filosofía presocrática. Logró armonizar la ciencia y la espiritualidad, alcanzó la transformación personal después de una intensa autoevaluación. Entendió que la relación ciencia-religión es necesaria para garantizar la longevidad de la humanidad con un sello implícito de bien común universal, jamás para satisfacer beneficios personales, más bien para satisfacer las necesidades de las mayorías.

Un nuevo modelo de planificación Ambiental.